猴面包树

QUE
Maxime Rovere
如何　蠢
对付　　人

FAIRE

[法]马克西姆·罗维尔　著　　蔡宏宁　译

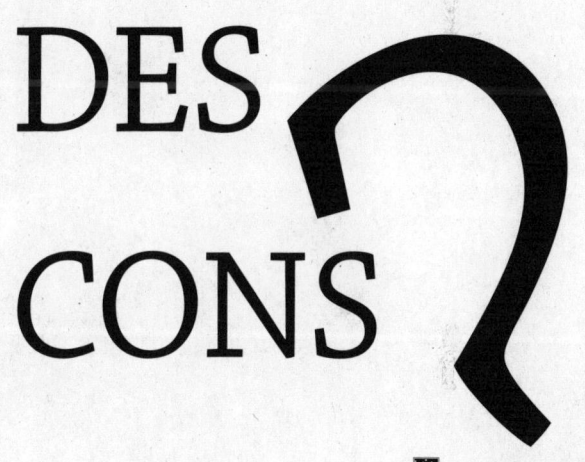

DES

CONS ?

中央编译出版社
Central Compilation & Translation Press

引言

> 我们落后于老百姓了——这是公认的事——可你好像在笑,卡拉马佐夫?

本书将探讨的问题,哲学家们从来没有认真对待过,他们主要关注的是智慧的力量。确实也应当如此。他们殚精竭虑,力求探索和了解"理解"所蕴含的不同模式。他们没有完全忽视愚蠢的存在,即使在最混沌的探索中,根据定义,智慧与愚蠢此消彼长:唯有不再愚蠢,我们才开始通晓事理。然而,这也是为什么哲学家们给愚蠢的定义几乎都是负面的,并且预设这些定义均基于哲学家们的立场,至少"理论上"基于智者一族的立场。无须长篇累述"愚蠢"在哲学领域的来龙去脉,只消回想一下,哲学家们将愚蠢视为知识和道德进步的阻碍、正辩和社会生活的羁绊,用诸如舆论、偏见、傲慢、迷信、不宽容、激情、教条主义、迂腐、虚无主义等词语来意指愚蠢。这样一来，哲学家们无心插柳地揭示了愚蠢的存在，从各个方面诠释了愚蠢。只是，哲学家们总会过度理性化（毕竟是理论大师，这不稀奇），无法把愚蠢当作一个真实的问题来正视。

简单地说，问题不在于愚蠢本身，而在于愚蠢的人。其实，无论你从什么角度定义愚蠢，最终都会得到相同的结论：必须用一切可能和可以想象的手段，借助所有人类和非人类的力量，彻底地（更确切地说，尽可能地）应对并摧毁愚蠢。有一句拉丁语表达了对愚蠢的憎恨——一种原始的、有益身心的憎恨，一种肆无忌惮的、毫不怜悯的憎恨——"*Stultitia delenda est!*"（愚蠢必须被摧毁！）但那些愚蠢的人呢？现实生活中愚蠢的男男女女，擦肩而过的路人，办公室里抬头可见的同事，同住在一个屋檐下的……哎！同吃同睡的人，没错，甚至就是与我们携手同行的人——挚友、爱人，突然有一天，他们露出了可憎的面孔……这些愚蠢的人啊！谁说他们必须被消灭？除了无敌白痴，没有人真的想这么做。

从哲学角度来看，蠢人是一个比愚蠢本身更棘手、更严重的问题。蠢人粗鄙、庸俗、蠢笨、荒谬，时常咄咄逼人，构成一个极其复杂的理论问题。他们的存在像一个怪圈。真的，只要碰上一个蠢货，必定随即有事发生，足以折损你的智力（此处指智力最广泛的含义，即理解力）。当然，我绝不至于侮辱你，我亲爱的读者。但你必须承认，从认定自己和蠢人在一起的那一刻起，你会发现，你不再只是**面对某一个人，而是陷于一个自我理解力极度受挫的境地**。愚蠢的主要特征之一（由此可见愚蠢的最世俗含义的重要性）：吸走你的理智，用诡异的本事不断逼你犯傻，说蠢话、做蠢事，总之，你一脚踏进了愚蠢的圈子。愚蠢犹如一个躲不开的陷阱，就算在自己家中也难以幸免，我就有幸与一个蠢人合租公寓(谢天谢地,只是暂时的合租)。所以,我决定放下最深奥的学术工作,帮助你们,也帮助我自己,厘清这个堪称最难的问题之一,期盼大家能够摆脱"蠢境"。

我认为,如同哲学家们探讨过的最严肃的课题一样,蠢人问题也是一个严肃的课题。在展开详细讨论之前,我必须首先明确一件事:本书讨论的是**现实生活**的愚蠢,不是**法律范畴**的愚蠢。换句话说,我充分意识到,只要愚蠢是一个道德、政治和社会问题,就必须先做预防。我们要利用各种手段,构建一种最有可能防止年轻人成为顶级蠢人的社会生活,特别是考虑到不论出身背景,他们很可能也是蠢人的儿子或女儿。这是当务之急。我们竭尽全力地发展智力,但是我们不能忽视,智力自身有局限性。对抗愚蠢的手段能否实施、是否有效,取决于极其繁杂的因素。任何一个社会中,都有一部分人(即使只是一个人)

被至少另一部分人（即使只是其中一人）认为特别擅长说蠢话、做蠢事。虽然法律可以化解愚蠢，人文科学和有识之士为对抗愚蠢付出的不懈努力也合理合法，但在现实世界中，愚蠢永远存在。

要毫不迟疑地承认，即使身处最美好的世界，即使满怀诚意，你也**总是会且必然会**遇到蠢人。纵然时代变迁，大浪淘沙，也淘不尽蠢人，不仅如此，更因为愚蠢绝不是一成不变的。愚蠢与众不同，有着非常独特的韧性。我们力求改善而做的一切努力，包括有益于蠢人的努力，都会遭到蠢人的盲目反对。蠢人们一直在极力反抗你的付出，用无休无止的强词夺理淹没你的论据，用威胁扼杀你的仁慈，用暴力泯灭你的温柔，他们损害大家的利益，甚至不惜毁坏他们自身利益的根基。如此看来，愚蠢绝非人类进化过程中无法抹灭的糟粕，而恰恰是历史车轮的主要动力。愚蠢是盲目的，更确切地说，**得益于这种盲目**，这股力量赢得了过往的大部分斗争，未来也必将斩获更多胜利。当我们审视其不可阻挡的持久性时，我们一致同意：**蠢人冥顽不化**。

愚蠢的这一特性，缺陷在于，屏蔽了最简单的解决方案。面对不宽容时为宽容辩护、面对迷信时为明智辩护、遭遇偏见时宣扬开明，诸如此类的做法，在固执己见的蠢人面前，都变得毫无意义。伟大宣言、美好情感，只是说话人的自嗨。这种自我陶醉，恰恰成为蠢人吞噬对手的一种手段，蠢人又一次把对手收进网中，一而再再而三地阻拦所有达成理解的努力。

基于所有这些原因,与蠢人和解,就结构性而言,无法实现。因为蠢人自己也不想和解。显然,我们要学会的是如何应对他们。怎么做呢?痛心疾首地承认蠢人真真切切存在,没错,他们必然存在,已然存在,并将永远存在(一切防范都为时已晚),然后,我们该如何找到**对付蠢人的方法**?

要是我在提出这个问题时就知道答案,那么我也成了他们中的一员。所幸我有一个概要计划、一些方法和研究抽象概念的长期经验。让我们一起看看,哲学能否为这个急迫的问题找到明晰的解决方案。

目录

预先抛出三个结论 /014

我们如何落入蠢人之网 /022

如何走出惊愕 /032

如何从错误走向机遇 /042

情绪重蹈覆辙 /052

无能如何孕育责任 /062

道德权威如何彼此冲突 /072

如何倾听蠢人 /084

道德如何促成互动 /096

为什么蠢人更喜欢破坏 /110

为什么我们被蠢人统治 /122

为什么蠢人越来越多 /132

为什么总是蠢人赢 /144

结语 /154

致谢 /162

参考书目 /164

预先抛出
三个结论

"嘿,别推我!"

"你怎么不往走廊里头走?!"

"往前走,往那儿!"

"别推!"

"往前走呀!"

"不要推!"

"等一等!"

"怎么不往前走!"

"这些人,都在干吗!"

> 我们总是某人眼里的蠢货；愚蠢的表现形式不计其数；最大的蠢人是我们自己。说完这些，我们才能开始思考。

当你翻开这本书，你已然回想起与蠢人打交道的那些经历。是啊！一些面孔、一些名字浮现在眼前……曾经的痛苦经历，说不定还是有关不公正待遇和折磨的惨痛遭遇，让你不由得想办个愚人派对，一来再多了解他们一些，二来顺带嘲笑一番，好让自己感觉比他们聪明。我举手赞成这些念想，但在开始之前，请允许我先提请大家关注其中的一个问题——定义问题。

即使可以用抽象术语来定义愚蠢，但确实很难准确定义什么是蠢人。有两点不容忽视。一方面，蠢人是一个相对的概念，你总会成为别人眼中的蠢人，无人能幸免。无疑这是迄今为止还没有对蠢人进行认真研究的原因(若不是不得已,我也不会斗胆涉足)。另一方面,反过来说,我们每个人都有自己心目中的蠢人。对于心中那个如鬼魂一般捉摸不定却比上帝的存在更为显而易见的人,任何人在打开这本书时都期望能获得一个清晰的定义。大家和我一样,希望哲学能帮助我们更好地理解这种以独特的蠢人形式出现在我们生活中的**生物**。

然而,请思考一下这个观察:在终极智者看来,不存在蠢人。智者圣人——哲人之上帝,观世间不见愚人。拥有无上智慧的神,抬眼看到的是诱发世人种种行为的因缘际会、造化巧合。他以无尽的仁慈,接纳蠢人的鲁莽冲动、不合时宜的言谈举止、卑鄙肮脏的阴谋诡计……他无所不能,知道为什么创造一个世界需要包容一切,相信这个世界运转自如,也能记得那些荒诞至极的心态和谬误的细枝末节。不,终极智者的雷达捕捉不到蠢人。蠢人隐藏在他完美的凝视之下。

我们和蠢人说不通,很显然,在和蠢人相处时,我们发现自己的局限性。这种局限性标志着理解力的瓶颈和爱的临界点。此时,我们只剩下两个选择:要么沾沾自喜,如无脑傻瓜一样嘲笑自己不理解的事物,且乐在其中;要么承认愚蠢拥有足以影响我们的力量,我们求助于思想的力量,力求凌驾于蠢人之上,也就是说,不仅要比蠢人更好,还要比我们自己更好。

第二种做法有一个严重缺陷,诉诸思想力量不是好玩的事,有时极度惹人厌烦。不过,我敢打赌,我只要几页篇幅,不用蛊惑,也不必含糊其词,就可以像研究复杂装置一样研究蠢人。

然而,动笔之前,另一个难题出现了:愚蠢的覆盖面如此之广,我肯定无法同时研究所有的蠢人。有些蠢人坚持自己所笃信的,不容许他人质疑;有些蠢人拒绝一切,甚至怀疑真理;还有一些蠢人对前两类人的想法都不在乎,不屑于一切,甚至不在乎本可以避免的悲剧。如何才能兼顾所有这些不同的蠢人呢?

有一个可能的解决方案：把蠢人按科、属、种分门别类，甚至再绘制一个树状图。可在我看来，类型学有一个弊端：蠢人会被赋予原本不具备的共性。列出一份清单，按不同类型的蠢人逐一描述，或许大家会认同其中的一些数字，认同一些特有类型或"纯度"(如同香水标准中的香调和浓度)。然而，这么做与我们的目标背道而驰，你会被误导，过度依赖经验，也就是说，你认定自己面对的是一帮蠢人，而不是一种愚蠢的处境。这样的清单，让你认出更多心目中的所谓蠢人，你更加相信蠢人的存在就如这世界上有鸵鸟和山毛榉一样不可辩驳(我将证明其实并非如此)。这种信念让你远离智慧和仁慈，最终，这本书将和其他许多书一样，助长你的偏见，而不是引导你(和我自己)走向更多的智慧。

所以，将蠢人分门别类，无助于我们理解蠢人，也无法更好把控他们在我们生活中出现的方式。当然，在数不胜数的电影、戏剧和小说中，都能看到具有显著特征堪称典型的蠢人形象。他们完全缺乏想象力，却像被施了魔法一样，大大激发了其他人的创造性。这也证实了我的说法，因为哲学诉诸的是概念，而不是人。为了公平对待各类情况，我预想了一些非常简短的情节，让我在处理抽象概念时，更容易感受到那些联想到的各种体验。我不想无中生有。我力求理解。

总之，尽管这不符合哲学的常规，但我仍想说，不必过于精确地定义蠢人，就让他们留在星空中闪耀吧！这样，你们每个人都能挑选出自己心目中的"愚蠢之星"。况且，说实话，我不在乎蠢人究竟是什么，从哪里来，用什么令人作呕的方式繁殖。我只求他们容我平静地生活。然而，就在我这颗只渴望爱的温柔心里，埋着一个心结，比刺更尖锐地扎进我的心里。蠢人不会让我们安宁,他们尤其折磨那些避之唯恐不及的人。这是本书的第二条自明之理:**蠢人,将我们淹没**。

这是一个难解之谜。愚蠢如何找到路径,悄然侵入,斗折蛇行,狡黠地在**理性之树**上蜿蜒缠绕?要破解这个谜题,我们必须从智慧断崖的地方入手。为此,我要告诉你们三则观察(亲爱的读者朋友们,若是一位更老练但不如我真诚的作者,大概率会将这些观察留在结尾作为结论):我们总是某人眼里的蠢货;愚蠢的表现形式各种各样;最大的蠢人是我们自己。这三则观察固然正确,但对我毫无用处。每次经过家中左边那扇门,我都能迎头撞上人类的愚蠢。哲学啊,请赐给我实实在在的概念技巧,让我能够克服智慧的缺陷和仁慈的弱点。

我们
如何落入蠢人之网

有些蠢人不想给自己的妻子添麻烦,有些不想给丈夫添麻烦,有些不想给孩子添麻烦,有些不想给父母添麻烦,有些不想给邻居添麻烦,还有一些不想给同事添麻烦,一些不想给学生添麻烦,一些不想给老师添麻烦,一些不想给上司添麻烦,一些不想给媒体添麻烦,一些不想给客户添麻烦,一些不想给警察添麻烦……当蠢人们全都拼命躲避对方、一筹莫展时,他们撞在了一起。

本章我们将发现，愚蠢是蠢人们用来俘获你的一种手段；如何引导你的思维，才能逐步摆脱蠢境。

蠢人在你意想不到的时候毫无预兆地降临，你猝不及防。你只想做点儿什么，随意走走，看看风景，专注工作，或静静躺平——没错，只不过想生活，简简单单地过日子，不慌不忙地走自己的路。但是，人类的愚蠢不请自来。今早或今晚心情好不好，已经不重要了，现在，蠢事让你心烦意乱，坐立难安。请允许我说得更真切、更戏剧化些，我要说，愚蠢给你一记肘击。纵然你有一颗骄傲的心，高昂着头，愚蠢也总能戳伤你。况且，被愚蠢所伤这件事本身就够让人烦躁，就像在伤口上撒盐，越来越糟。

请不要自视甚高，要勇于低头端详伤口。看看马路上的那千百种行径，车辆挡道，行人踢狗，随地丢垃圾，蠢人就是那些不尊重他人的人，不守规则，甚至无视最良善的规矩，他们彻底毁了共同生活的条件。坦白说，这些行为大多是社会深层问题的症候，不仅取决于个人因素，更因为不稳定就业的煎熬、娱乐至死的精神鸦片和消费产业制造的焦虑、人际纽带的断裂……要彻底理解这种情况，我们需要认识到一个过程。在这个过程中，蠢人破坏了社会生活的条件，但同时，病态的社会也在制造蠢人。关键要记住，众生百态，包罗万象，出现蠢人不足为奇。

那么，首先要意识到一点：我们之所以定义他或她为蠢人，是因为判定他或她行为不当，认为他或她低于或暂时低于道德标准。虽然我们自己也不完美，但总是在这条道德的标准线之上，一直努力向上，力争成为德行圆满的人。

在深入探讨之前，让我先快速回应一个反对意见。既然我们总是别人眼中的蠢人（参见前一章），那么，我们真的有权利称别人为蠢人吗？或许在他们看来，我们才是蠢人……何况谁又能定义什么样的人称得上是德行圆满的人？照此推理下去，说到底，愚蠢不存在，因为愚蠢是相对的，愚蠢所依赖的价值标准也是相对的，完全取决于个人观点。从这个意义上说，愚蠢反映的只是个人内心的偏好，因人而异。话虽如此，我不畏惧相对主义。我打心眼里同意我们都是别人眼中的蠢人，但不代表所有的蠢人都一样。相反，每个人都有自己对愚蠢的评判标准，这些标准之间必然会有一致，也会有分歧。在分析迫在眉睫的状况时，我们说，蠢人是被绝大多数人一致评判为蠢人的人（尽管有差异）。这意味着，客观的愚蠢不是绝对存在的，也不凌驾于主观评判之上；当主观评判标准相契合时，便有了客观的愚蠢。也就是说，愚蠢的客观性来自所有主观性的交集,就像共性。愚蠢是相对的,这不妨碍愚蠢具有一种真实价值,愚蠢恰恰准确地体现了关系的真相。由此,我再次得出结论,我们可以认定,蠢人确实存在,即使只是地域性的、暂时性的,在所有人努力做一个正常人的时候,蠢人比其他人**略逊一筹**。每人的看法略有不同,但我相信,对于这一点,大家心照不宣。

然而,这又出现了一个奇怪悖论。在刚刚的描述中,自认为在愚蠢面前担任见证者的人,看似站在一个高高在上的位置。也就是说,如果有人因为行为不当,被认定为(哪怕只是暂时地)处于我们追求人类进步的道德标准的底端,那么言下之意,其他人处于标准的顶端。一个人行为过激、弄巧成拙、引发危险的时候,我们应当利用高高在上的优势,采取行动,不气不恼,轻松挽回局面,阻止蠢人造成破坏性结果。可是,事实不是这样。为什么呢?因为道德意识薄弱或低人一等，不完全代表愚蠢。我们必须看到愚蠢的另一个重要特征：愚蠢不仅软弱，而且丑陋。愚蠢可以被定义为懦弱者的令人嫌恶的面孔。

那么，真正的问题就来了。当我们判定一个人品行低下（或多或少有理由，绝不会无缘无故），我们自己也会被吓一跳。更令人震惊的是，我们发现自己竟在步步后退，心中翻涌着嫌恶，眼里透着蔑视，而这么做，都来自下意识的驱使。我们知道，比起在公共洗手间不冲水的龌龊家伙，或者仗着有钱就为所欲为的男爵夫人，我们觉得自己更有价值。只是，这点儿价值不足以让我们战胜愚蠢。不，恰恰相反！我们忍无可忍，只想拂袖而去，恨不得让他们从我们的世界消失。这些念头到底有多强烈，决定着我们是否将这种人视为蠢人，一种让周遭的友善和仁爱都消退的人。如果说愚蠢是基于形式上的道德评判，那么，愚蠢还与负面情感相关联（或者说是情绪），让我们下意识地只求不必顾及人性和公道。我们的耐心被消磨殆尽，甚至不想知道这么做是有益，还是无异于自杀。无论做什么，我们对蠢人都深恶痛绝。"stultitia delenda est"，愚蠢必须被摧毁！

接着，一个非常奇怪的机制启动了。我打算采用不同的意象多角度描述，以避开各种陷阱。我们抱团围成一圈，身边是侵蚀我们生活的烦人精和蠢货，我们都觉得这些人没我们高尚……可当他们真的惹到我们的时候，我们又失去了同情心。没错！你看出眼前这人就是个蠢货，这种感觉越强烈，你越会失去良善的力量，一步步远离自己的人性理想，渐渐地让自己（完全同步地）变成一个充满敌意的人，也就是说，把自己也变成一个蠢人（尤其佐证了"你终究是蠢人眼中的蠢人"这则观察）。一定会这样！因为这蠢货做的每件事都惹你火冒三丈……因为你根本不想看到这个人渣……因为你要拯救自己的幸福……

那人让你恼火，让你恶心……你越忍让，他越得寸进尺……你继续退避……你越来越陷入蔑视中……怎么能不憎恶他呢？毕竟都是他的错！可是你越恨他……你就陷得越深。

这就像流沙阵，让我们看到，面对蠢人时，向前一步何等困难。这可以作为第一章的结论。事实上，一旦形成人类不完美的印象，我们会立即采取某种姿态，这种姿态不仅贬低我们从外部观察的对象，同时也贬低了观察的主体，也就是所谓的旁观者。这意味着，从理论上说，你不可能仅仅作为愚蠢的**见证者**。确实，愚蠢使你无法保持中立，评判他或她是不是蠢人，这么做就已让你站在了蠢人的**对立面**。接下来，缺乏中立性的评判，更让你无法全身而退，你的评判本身就意味着，在此刻、在此地，你本可以向烦人精或蠢货表达的善意和爱都消减了。要说蠢人是极大祸害，是因为他们构成了一个动态问题，这个问题一旦出现，就会摧毁解决问题的条件。由此，我提出我称之为"大字报"的第一句话来作为结束语。年轻人可以专门将这些大字报裁切下来，在遭遇燃眉之急时直接贴在墙上。而你呢？你需要印在眼睑的背面，才能谨记在心：

1
你不是蠢人的导师。改变处境，而不是改变人。

如何
走出惊愕

"打扰了,您好……这海滩真美,对吧?"

"是啊。"

"难以置信,看起来这么辽阔,一望无际……"

"……"

"看到您带了音箱,听听音乐很舒服。"

"是啊。"

"是的,我也喜欢音乐,我戴了耳机。不过……呃,我们遮阳伞的影子会不会妨碍到您?"

"哦,不会。影子方向总会变的。"

"不过,您是不是……好吧,可能这样对大家来说都更舒服……如果您……"

"如果我怎样?"

本章里，我们将发现导致你混淆痛苦和邪恶的潜意识推理思维；以及为什么蠢人其实是事故，如同其他事故一样。

我称为流沙阵的连锁效应在于，愚蠢行为没有诊断书，但是，愚蠢的人极具传染性，能在第一时间或近乎瞬间让愚蠢蔓延开来。认定一个蠢人的那一刻，你也开始变身为蠢人。这意味着，你不再沉着冷静，你失去了分析能力。你越是挣扎着想摆脱蠢人，越促发你身上的一个新蠢人的诞生。这是比科幻电影更神经质的噩梦，揭露且解释了你惶恐不安的反应。

人们想努力抑制流沙阵连锁效应，在哲学、宗教、神话、文学、艺术等领域激发了诸多观察。做一个非常简洁的总结：任何人都知道，我们倾向于喜欢那些可爱的人，对向我们微笑的人报以微笑。这也是一个连锁反应，这一次是良性循环，其中有一种现象被称为爱（或者你更喜欢称之为仁慈）。爱的各元素相互作用，爱也从中获得自我滋养。愚蠢引发的是截然相反的现象，把我们带入敌意的反应链。要解决这个问题，就必须逆转情感的动力。

这么说来，问题的出路似乎很简单——扭转局面。就像我们常常读到的那样，用爱回应仇恨，宽恕冒犯的人，改变我们自己的举止，露出另一边笑脸……总之，要对那个惹你分分钟想发作的欠揍畜生报以微笑，因为只有你宽宏大量，才能帮助你——你和他——回归更好的人性。

可惜的是，我称之为"**开悟**"的建议，所有人都曾体验过有多难实行。道德觉悟，实际上要求我们忤逆所有可能导致冲突的力量，也就是说，打破因果逻辑，阻断发展进程，逆转方向。现在看来，这不仅很难做到，甚至在逻辑上也是荒谬的。请问，你能从哪里找到力量，即便只是对那个藐视你的白痴抛一个默契的眼神？对故意破坏你一切努力的混蛋微微一笑？面对愚蠢，加持的力量从何而来？尤其我们刚刚才定义了愚蠢会肆虐、传染，愚蠢通过打击你的道德力量来自我滋生。呼吁大家要开悟，其实预设了开悟的效果，也就是说，预设你总会被赋予力量去做你应当做的事情，尽管你承认你**实际上**并不具备这种力量。

这就是为什么在任何一种文化传统中，开悟都依赖于神圣和恩典的逻辑，预示着有一股超越你的力量，根本不是你，也许根本不是人类，在你招架不住的时候，这股力量迎头而上。那么，为了达到开悟，你必须学会让自己成为调解者，调和一种比我、比你甚至比人类更强大的力量。你可以称其为上帝、诸神、灵魂、历史的车轮，或者某一种美德、艺术灵感、理性力量。总之，需要这股加持的力量，让开悟从某个地方生发出来，而这个某个地方只能是**别处**(也就是说，既不是你，也不是我，更不是蠢人)。

很多心地善良的先生/女士，早已对这个问题有过探讨，我不再赘述。我只强调我认为关键的一点，开悟的想法蕴含着一个提议，即便称不上精妙绝伦，也绝对引人深思。除了表达虔诚愿望之外，这个提议能启发我们从另外一个角度来看愚蠢的机制，甚至不需要忤逆力量就能将其逆转。以下是具体方法。

我说过，愚蠢使我们蒙受伤害，削弱我们的道德意识，第一印象的确如此，但是，很显然，这不代表我们的实力会被**彻底**剥夺。没错，愚蠢伤害我们，但愚蠢的人最常伤害的是他们自己。这不等于说愚蠢**绝对**邪恶，只是愚蠢容易让事情一发不可收拾，小事化大，大事化炸。**坏了事**与**做坏事**，这是两回事，但直到现在，在惶恐不安的压力下，我们一直将两者混为一谈。蠢人把事情搞砸(这是我们凭借智慧做出的判断)，同时，也伤害了我们(这是情感的判断，描述了蠢人和我们之间的关系)。但我们不能从这两个判断就认定蠢人具有绝对的普遍之恶。可是，承认吧，你真的就是这么想的！"**邪恶**"，作为一个绝对意义上的抽象概念，是一种不考虑人际关系的定义，只有脱离运用场景，这个绝对概念才能成立。且不争论这一概念能否站得住脚，你首先必须承认，局部的痛苦(前妻为了一个旧吸尘器和你纠缠不休，同事不听你指示而害你无数次返工)，将你的想法从一个相对的场景(蠢人的某个行为，你对这个蠢人的某种反应)，转向了无条件的断言(*stultitia delenda est*，一定要摧毁普世的愚蠢，如果可以的话，先灭了眼前这个蠢货)。这种思想转变，就是我们所说的归纳，从特殊到一般，只是这样的归纳是错误的。愚蠢的细菌，或者叫病毒，借着这番无意识的逻辑操作，侵入了你的体内。实际上，你把一个相对的现实断定为绝对的真理，将自己(显然是无意识地)置于宇宙判官的位置。然而，把自己的看法当作绝对真理,这恰恰是蠢人自己的一种主观定义,是他自诩的神圣形象。

至此,虽然你不堪折磨,但你终于愿意承认,不能绝对地推断蠢人的存在就是一种恶,不能把眼见的愚蠢认定为一种恶(此处我说的是愚蠢行为,不是犯罪)。这样的思考,有一个很大的好处:阻止事态恶化,遏制我之前描述的流沙阵连锁效应。因为我们刚刚发现,这种处境,虽说是人际互动造成的,但其实更多是一种被别人伤害(冒犯)时产生的晕厥错乱,你不知所措,注意力只集中在伤口之上。是的,蠢人和你之间的恶性循环,由你内心的另一个循环来维系,在这个循环中,你的力量和你的仁慈相互撕扯。你感到痛苦,你认为蠢人的存在是一种恶,或者你更愿意称之为一种不幸。这就是为什么我把这一章的标题定为"惊愕"。流沙是惊慌失措产生的幻觉,你在惶恐不安中越陷越深。你心慌意乱,不知道怎样脱身,你感到,除了摧毁这个蠢人、消灭他的愚蠢之外,再无计可施。谁都会这么想,也必然会这么想,只是这样一来,你被带入了死胡同,因为这种思路根本就是错误的。

愚蠢,有着无法克服的负面性,但愚蠢更像是一个事故,就像所有其他事故一样,尽管会带来痛苦,但愚蠢**本身**不是一种恶。众所周知,事物总有两面性:可以向好也可以向坏发展;或多或少地好,或多或少地坏;虽说种什么因得什么果,但到底结什么果,并不是一开始预设好的。归根结底,一个事件,就是一段现实，如同赤裸裸、柔弱弱的初生婴儿一样，一切皆有可能。一个愚蠢的人，满口粗陋俗话，从早到晚骂骂咧咧，让你到了崩溃边缘。这混蛋肆无忌惮，根本就是在下战书。是的，他在召唤你。但他不是召唤你直接开打（那会将你推入流沙），也不是召唤你修心成仙（尽管……如果你能做到，也请不要放弃），他在召唤你接受考验。所以，你要把蠢人看作一个机会，来证明你参照的道德价值观。也就是说，当你说这人是蠢人，当你努力表现良善的时候，你在尝试把这种价值赋予你自己。由此，我得出以下结论：

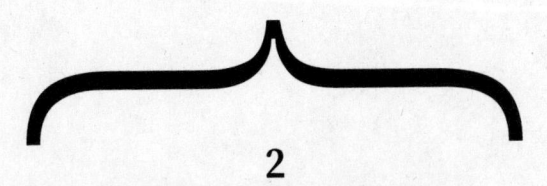

2
愚蠢不请自来，你的价值随之显现。

如何
从错误走向机遇

愚蠢的人啊，把积压的挫败感全发泄到别人身上，咒骂整个世界，用恶语谤言淹没你。他们甘愿被一切邪恶蛊惑，沉溺于没完没了地造谣生事——仅仅因为你沉默，他们竟觉得你魅力至极。没消多久，等肚子里又攒满坏水，他们会再逮住下一个听众，把那些恶毒话一股脑全倒出来——数落别人身上的说不完道不尽的坏，诉说你是如何、为什么又是何等地辜负他们的期望。

本章我们将发现，愚蠢没有旁观者，只有同谋犯。这就是为什么面对愚蠢，我们不会无动于衷，我们总想做点儿什么。

如果你已经读到这里，也至少理解了一些内容，你会同意，任何蠢人都是劣等的存在，但这不是你对整个宇宙感到绝望的充分理由。克服了焦躁不安之后，你现在明白，蠢人在你和他之间拉开了一种道德差距（是的，因为蠢人是劣等的），他向你发起挑战（以弥补这种差距的影响），而且恰恰就是他的愚蠢，给你带来优势，让你占据了上风。只要参透了这一点，你就重新掌控了自己的未来。如果你现在还没感觉到这种优势地位，请再读一遍刚刚这几行字。

这会让推崇慈悲为怀的人、德行的唯意志

论者感到不快,但是,你不必再寻求超出现有的更多力量,因为,现在的你已经学会区分相对的恶和绝对的恶。你明白,越是**蠢**人,他越需要此时此地从你身上,而不是其他任何人身上,获得一个恰当的回应,阻止他搞破坏。至于是否有辱人性,对我们来说不再重要了。现在,我们看到的是,这个正在藐视你的人性的混蛋,**彻底**地落到了你的手上。

挑战的概念,帮助我们全面回顾最初的描述,并可以一劳永逸地摆脱流沙阵的困境,而不需要开悟。不仅用相对眼光来看待愚**蠢**,更要不再只关注两人交往时的消极面(那混蛋的愚蠢行径)。否则,惊愕无措会像病毒一样感染你,你看谁都不顺眼,最终也沦为蠢人。先不做任何改变,只需将你的注意力重新集中到唯一的重点上——任何一件事对你人性发起的挑战。之所以说"挑战",是为了强调,事件的维度其实人各有异,取决于个人内心。这不仅是偶然降临的行动契机，更是关系到一个人，哪怕这人是你以前从未见过、未来永远不会再见的陌生人，但此刻，他求助于你，而且只求助于你。

从此以后，你知道，再遇到蠢人时，首先要充分意识到你的"对手"正陷入流沙阵（哪个流沙阵？对你来说不重要），在这种情况下，可以说，你是他在提升人性的道路上的唯一希望。为了不让自己也沦陷，你必须看到这样一个事实：蠢人证明你心目中的人性观出现了"故障"，或说是偏差。可除了你，还有谁非得捍卫这一人性观？所以，重建和平与和谐，取决于你，而且只有你。当然就是这样！你不能指望他或者她，因为他们都是蠢人。他们越是愚蠢，越需要你有智慧，也就是说，需要你努力认识事物，他们才能有所改变。

开悟，一定要额外的爱来加持，一种只能从宏大原则中寻找到的加持（上帝之爱、普世和谐、理性、实用主义、实力等）。相反，"挑战"的概念，鼓励你按照自己的做法来对付蠢人，甚至把整件事视为**非你莫属**，仿佛那个蠢人是一封写给你的信，烙上了火漆印，只有你才可以启封。有人告诉你这是命运，有人说这是上帝派来的。我向你保证，愚蠢没有目击者。言下之意，这意味着当一个愚蠢的人出现时，你无法袖手旁观，你不是你所认为的**所谓观众**。或许你会说，他的愚蠢与你无关。我告诉你，这与你有关，是你看出了他的愚蠢。也许这样说会让你反感，但从这个意义上说，你和蠢人就是一伙的。

你不想承认刚刚读到的内容，面对愚蠢的人，你的思想犯了一个危险的归纳错误，抹杀了事件处境的独特之处。我要讲完我的陈述，把你从沉睡中唤醒，让你找回自己。听着，这真是一件天大的羞耻之事：**愚蠢没有旁观者，只有同谋犯**。凭经验，我知道，这说法招人反感，但是，我们必须从活生生的身体中拔出这根深深扎痛我们的刺。现在，是时候将你的注意力转移到愚蠢出现时你所担任的角色上了。

激怒你、让你的反抗染上**无谓的**愤怒色彩的，是一种特殊的责任观——必须在蠢人那里保住颜面。你认为，不该由你来解决这场冲突，因为不是你造成的。你想着，一旦迈出息事宁人的第一步，就相当于承认了一个阴险的暗示，即你为对方的愚蠢感到有点儿内疚。既然你想主动讲和，那么所有一切多少都有你的错。

的确，你的反抗合情合理。我承认，蠢人必须对他的愚蠢行为负有道德责任。何况冲突都是因蠢人而起，愚蠢之事就是他干的。可是，抓住这一点不放，你就错了。这只蟑螂已经闯进了你的生活，唉声叹气无济于事。或许是他的错(要是你坚持这么说)，但生活是你自己的。所以，你的注意力必须**绝对集中**地只考虑当下的事态，才能留有回旋余地，选择最有效的对策。你明白吗？事情已经发生，就在你的生活中，正在呼唤你出手。我同意，生存的超级挑战突如其来，还有那个蠢女人、那个混蛋的声音，都让你措手不及(可怜又可笑)。我理解你避之唯恐不及的心情。不过，不要忘记，故事里的英雄总是一定得打败邪恶怪物，不是吗？别再大喊不公正，大叫搞错了，甚至连自己都信了。别再认为这个蠢货闯不进你的生活，因为现实恰恰相反。他就是来找你的，千真万确，找的就是你，现在轮到你上场体现价值了。

这番思考，要求你重新定义自己的立场，重新划定你的练兵场。对你来说，重要的不再是消灭那个蠢货，因为，在你之前，他就已经存在，而且可能会在别处继续存在。你现在的目标是阻止这个蠢人对你造成伤害。这可以意味着，把他切实地踢出你的生活，只是不一定每次都成功。甚至有时彻底阻止他搞破坏这件事，就已超出你的能力所及。但你明白，这关系到将来能否准确地知道自己下的是哪一盘棋，如何重布棋阵。即使在某些情况下，出于顾及层级关系,你无法直接朝他猛扑过去。

从这刻起,**蠢人**不过是在搅局,践踏你所看重的一切,**同时也因此**给了你一个施展价值的绝佳机会。不急不躁,不草率盲目,现在,是你展现睿智和敏锐的时候,唯有**蠢人出现**,这些品质才有用武之地,唯有**借助蠢人**,这些品质才具有了意义。时不时地来一场不幸遭遇,促使我们迸发出人性价值的光辉,若不是这样,人性价值就形同虚设了。

任何事的价值总有两面性，主体与客体之间相互作用、彼此影响，别人的愚蠢应当即刻被理解为有助于你自己修身养性的有利的、必要的、适时的机会，堪称为你量身定制，因为出现在这里的人是你，不是其他任何人。从这个意义上说，我现在得出结论，蠢人确实是一种机遇。这就是为什么我要强调这一点：

3
主动缔结和平。

情绪
重蹈覆辙

自从智能手机被发明出来之后，蠢人再想凭记忆和知识来标榜自己，绝对会备受打击。看着可怜的他们，犹如看到冰河世纪后徘徊的恐龙。争辩古代东方或美国的制度时，你的对话者直接掏出那该死的手机查阅维基百科。没有什么比看到这一幕更惨烈的了，那景象仿佛猎人在捕杀一头濒临灭绝的动物。

不幸的是，根据生物学家熟知的生态系统效应，**高知型**蠢人的消失，必定引发**经验型**蠢人的激增。只消瞧瞧他眉飞色舞地向你罗列去过的国家和城市、认识或曾经认识的人，你会承认，这种权力、这种威望都是他们无厘头的自吹自擂，你根本无法消受这些夸夸其谈……简直是令人望尘莫及的暴露狂，裹着雨衣还招摇过市，对自己始终**没做**的事情也能面红耳赤。

本章我们讨论情绪过激问题，因为剖析得非常深刻，在此给予作者高度评价，更要给我们自己一个拥抱。

抱歉，我知道，你对前文的分析仍是半信半疑。当然，你已明白在日常生活中辩证地看待"恶"的重要性，这是一种逻辑思考，能遏止情绪的旋涡。你承认，蠢人不是一种恶，只是一种折磨，这种折磨才是你的战场。从（蠢人的）错误转向（对你的）挑战，你重新调整了关注点——也就是说，你不再一心纠结蠢人令你失去了什么（你的时间、耐心、镇静、自信、生活乐趣……），而是聚焦于他或她促使你去寻求的东西，即能够在此时、此地展现出耐心、镇静和生活乐趣的方法。

散布你隐私的毒舌妇、在你窗下烧烤的坏

家伙,说他们都是你生命中真正的**馈赠**,你恕难接受。对此,我能感同身受。我理解你,但我会告诉你为什么你错了。(请注意,我自己也在反思,因为和我住在一起的那个混蛋,以一种完全天真、近乎本能的方式,几乎铁了心要摧毁我的生活。不可思议的是,就在我写下这些文字的当下,我依然在反思。)

首先必须认识到,我们的思考不可避免带有反复性。最伟大的心灵也在劫难逃:即使领会了道德哲学的普遍原则(或者你更愿意称之为"智慧之路"),只消遇到一个蠢货,他闯了红灯,一头撞上你的车还冲你破口大骂,顷刻间,你所有的逻辑思维化为乌有。这也是一个结构性问题:我们知道,几乎所有的痛苦都是相对的,可以被理解为挑战,成为生活中成长的机会,但实际上,每当又一次面临考验,哪怕只是小小的烦恼(坦率地说,不过是车而已,能有多重要呢!)**赤裸裸**地显露出来时,我们瞬间又糊涂了,再次被别人的愚蠢气得七窍生烟。正如我从引言就一直说的,愚蠢几乎总能获胜。这也是不要让步的又一个理由。

刚才描述的现象，今后我将称之为**烟花效应**。这种效应指的是，在任何一种情绪的打击下(说真的，甚至快乐和爱也是如此)，你能够兼顾思考的事情的数量，与感受到的情绪的强度成反比。情绪越强烈，烟花越灿烂，四周越黑暗。每遭受一次新刺激，你的视野都会变窄，眼前的事件呈现压倒一切的重要性，仿佛没有比这更明亮、更耀眼的光芒。痛苦让你无法思考，这实属说轻了，烟花效应发挥了关键作用，你甚至不愿和蠢人搭话，注意力被一再拉回到他们的愚蠢之上。

对于情绪的影响和必然引发的变化，人们通常知之甚少，大部分哲学家和后继者更推崇控制论。让我们接纳控制论，因为这是一个很棒的想法。当你被傻瓜惹怒、对笨蛋嗤之以鼻时，你一定要克制住情绪的爆发，当然不是出于仁慈，更不是出于礼貌！而是因为，情绪力量引发的爆燃，可能会伤及你所珍视的东西，也就是说,损害你自己的利益。你想对我说,都是那个蠢货害你怒火中烧!不,并非如此,烟花无须对夜晚的漆黑负责。要是你放纵自己的情绪,情绪就会对你和你周围的人造成极大的伤害。没错,就是这样。

情绪的这股爆炸性力量,在我们看来,首先是引发混乱的力量,蠢人就是添乱因子。所以,如我说过的,鼓励你重新掌控情绪的缰绳,是一种大智慧。唯有如此,才能重获对蠢人的控制权——必须这么做,世界才得以恢复为你心目中的正常状态,或者至少让你自己得到清净。

然而,说到控制,就意味着要用某种打压性力量来对抗情绪的暴力,如同理性之声可以让情绪沉默一样。面对急迫的事,需三思而后行;置身其中、情绪激动时,应回归冷静思考;要避免主观认知的局限,秉持客观的立场。这些都合乎情理,但情理之中往往藏着很大一部分天真。

所有这些话，都存在一个缺陷，那就是依赖于两者之间的二元对立：一边是稳定、永恒不变的良好秩序，另一边是必然不好、破坏性的混乱无序。我的一些最心急的学生重新评价了无序，赋予某些积极正面的品质。但是，问题不在于这两个极端的本身价值，而在于两者的二元对立。让我们的思路再拓宽一些。不难承认，一种有生命力的秩序能够包容无序，意味着控制欲不能与情绪相悖。承认这种调节功能不可以违背情绪，意味着它必定来自情绪本身，换句话说，情绪可以自我调节。要探索这个有趣的建议，我们需要重新思考情绪与有序/无序概念的关系。方法如下：

首先承认，常人认定的负面情绪（恐惧、悲伤、愤怒、仇恨），总是伴随着失误和偏颇。但是，不能因为这个原因就把负面情绪都简化为判断的错误，视为在纯粹逻辑判断上犯了错。负面情绪往往表现为看得见的、可评估强度的现象（脉搏加快、出汗、脸红、流泪等)。所以，情绪本身也应该被视为一个事件，也就是说，被视为一种次级挑战。就像这世上有蠢人一样，我们要把仇恨、愤怒等情绪，当成一种现象来接纳，而不是视之为错误。你付出了努力，那个混蛋却拒绝报答，连一个举手之劳的认可姿态都不肯做，于是，被他激发的情绪如排山倒海袭来时，你不仅要**迁就**他的存在，你还得让自己**幸存**下来。要想做对，就得调整先后顺序：首先处理你的情绪，然后再去收拾那个混蛋。

承认了情绪在事件中占据至高无上的地位，接着我们可以断言，情绪极易过激，确实属于无序的这一端。但仔细想一想，这个说法也站不住脚。只有当情绪达到一定程度时，才算情绪过激(按照定义)。真有这样一个临界点的话，那么一定是某人或某事在不考虑情绪的前提下预先设定的。临界点本身就暗示存在一个外部判官。每当(当且仅当)控制欲激发并加剧了情绪掌控一切的能量时，情绪就会过激。我用一个例子来解释。你知道，最好不要侮辱任何人，哪怕对方是一个混蛋。当你遇到混蛋，你所感受到的情绪自然会和你秉持的恭谦处世的责任心产生冲突。遇到的阻碍越大，内心里的这股情绪掌控力越容易升级为暴力。但这不代表你可以放任自己，咒骂迎头撞上的每一个蠢人，而是应该在情绪力量冲击你时（每一次冲击时），找到合适的表达方式。此处的关键是要理解，情绪瞬间引发的混乱、鲁莽、过激行为不是基于情绪的本质，而是来自外部干扰，所有这些行为（混乱、鲁莽、过激）不会自发产生。形象地说，越是用隔板挡风，越有可能增加隔板被风摧毁的风险；这不是风的破坏力，而是放置隔板的那个蠢材的破坏力。

不要责怪自己的情绪,要直面真正的困难,找到正确的情绪表达方式。我所说的正确,是指你的言行举止都要应对**耗尽**情绪力量的挑战,彻底释放情绪,直至毫无保留;还要**契合**环境,让你的情绪免遭外界拒绝和否定,获得理解和接纳,甚至借此改善未来的人际互动。努力缓解情绪,努力让情绪适应环境,或许你会觉得这样的努力有点儿幼稚,有点儿传统守旧,那是因为你读了我的建议,接纳了控制欲的观点。我向你保证,你的内心将如释重负,如同肠道不适得到缓解一样,最后一口情绪的烈酒就留给蠢人去咽掉吧。

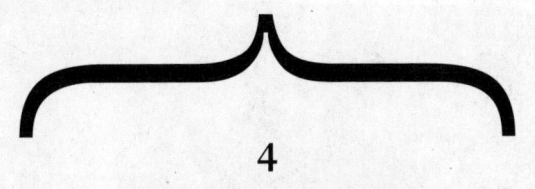

4
不要对抗情绪。彻底释放情绪。

无能
如何孕育责任

有些蠢人，看起来既像大象，又像水晶玻璃。和他们第一次握手，就能感受到危险袭来的恐怖。从一开始，你就知道要小心应对，几乎每一句话、每一个眼神都提防着避免冲突，从一次见面到又一次见面，每一场过招都格外当心，摸不透自己到底有没有成功脱险，直到有一天，一切到底还是崩塌了。看着被他们毁得千疮百孔的残局，你体会到回天乏术的无力，这是一种最痛苦却也最让人欲罢不能的经历。一些哲学家本着抚慰的精神向我们保证，无可挽回的事终究是不可避免的。这是一个美丽的谎言。无法挽回的事通常是意外事故。而这正是蠢人的定义：蠢人让意外变得无法避免。

> 本章中我们发现,面对蠢人时采取道德姿态,依赖的是隐晦的说教,这说教夹带着某种招数,而这招数注定让你无可奈何。

前文的分析使我们能够将问题缩小到恰当的尺度:此时,此地,一个蠢男人或蠢女人正在破坏你的生活。这一挑战引导你朝着正确的方向努力,不对抗你的情绪,而是与情绪携手。现在,我们可以回到事情本身,也就是蠢人的那些令你无比烦恼、足以遭你蔑视的行为,并决定如何对付愚蠢。

首先,我想特别提请大家注意:的确,有些人在方方面面都让人避而远之,但是,没有人生而为蠢人,智者亦非天生。愚蠢,是一种为人处世的方式。我们观察到"愚蠢"一词有两层含义,一指蠢人的所作所为(蠢事),二指你赋予他的道德属性(愚蠢)。但是,没必要纠结于文字层面，就算那些积习难改的蠢货，也不是天选蠢人。所以，你同意，做蠢事和当蠢人，只是不同的表达方式，说的完全是同一码事。这就是为什么（也是我最关心的）对愚蠢最常见的回应是，只看眼前的**蠢事**，不要老想着你是什么人（人类），做了**蠢事**的**蠢人不是**（本应该是）什么人（另一类人）。

我们说，愚蠢的人让你怒火中烧，第一时间就关联到**责任**的表现：蠢人做的事，和尽善尽美的人类（之一）**应有**的所作所为（至少是你的观念所认为的）之间存在差距。我不打算现在讨论这种责任的表现，也不讨论你的人性观有多大的广度，我想首先强调的是道德姿态。

事实上，不论你的反应是破口大骂，还是即兴发挥开始一场讨伐大会，抑或是闷在心里骂骂咧咧、反复纠结，其实都是一回事。总的来说，愚蠢让你开始各种思考，但最终都成了一场说教、一次道德训诫。"这样不行，你是傻还是怎么了？""是的，你这么做就像个白痴。""别再胡说八道了！"这样简单、这样直白的话，处处透着说教的意味。你的大脑迅速地、几乎是下意识地,将一套完美人性的道德责任与一种违背这些责任的行为进行对比,你又敲又打,像猴子一样硬要把蓝色圆形积木塞进白色方格,但你徒劳无功,因为两者根本不匹配。

我承认,基于一种价值观来衡量行为,企图让人认同这种价值观所基于的体系,这种态度并非完全荒谬。事实上,当一个人向另一个人说教时,他尽量从对方的理解水平出发,对方则需要理解一定数量的规则,并承认这些规则是有效的,这样他才能认识到自己行为的面目。愚蠢的人认识到自己的行为是愚蠢的,那么,根据定义,他就不再是蠢人了。从这个意义上说,给蠢人上道德课,无非是想将蠢人(蠢人自身,即实施者)与他自己的愚蠢(即行为)区分开来。在某种程度上,这可能是促成你们和解的第一步。你希望在他身上找到作为支持者的一角,而不是对手,可以说,为了说服他站到你的阵营,你向他阐述了你这个世界的规则。如果他接受了这些规则,那么,你们就成为共同面对同一事件的两个人。

说教，就是试图改变他人的认同。让蠢人与他自己的行为脱离关系，让蠢人认同你所捍卫的价值体系，这样，做出不当行为的人就不会重蹈覆辙。也就是说，你努力重新引导他人的主观认知，使他将自己的行为置于一种价值尺度上，在认识到自己的错误时，他将得到进步。同时，你明白，只有认同了以定性方式定义的**价值体系**，才能在人与人之间进行定量比较（以价值尺度衡量）。这样做的核心在于，任何道德说教，都诉诸一种**责任观**，即试图让对方认识到他们没有履行责任，希望对方意识到这一点之后，从此能做得更好。

然而，事情在这里发生了翻天覆地的变化。无论是谁在说，你都意识到，其只能通过一种奇怪的迂回方式来表达责任观。在具体语境中，实际的交流完全可能退化为谩骂。可以看到，简单粗暴的话语背后，是一种表象机制在起作用。在你对蠢人所说的话中，有一种你自己也未曾意识到的意思隐含于其中，可以表达为：

你没有按你应该的方式做事，

而且这不是我说的，不止我这么说。

投射到未来时，责任的表达就变成了这样：

你不应该这样做，

不是因为我对你这么说，

(注：我已经无力避免此事发生。)

而是因为其他事物(通过我的嘴)在对你说。

你可以察觉到，试图用语言表达的这种姿态，其实非常怪异，既用了投射法，又用了障眼法。首先，说话者变身双重体：既是以第一人称说话的人，同时也是借他之口发言的其他事物(责任的法则)。换句话说，他的言论是为了掩盖说话者的暗示，将他开具的处方(你应该或你不应该)引向外部权威。为什么道德姿态总是必须指向其他事物？原因很简单，因为他的话没有分量，不足以被立为真正的责任。说话者没有权威。其实,在对方眼里,此时的说话者才是蠢人。

随后,我们清楚地看到,这些话针对的对象也变成双重体:一个是确实做了蠢事的人,另一个是未能成功实现的虚构形象。

这样的分析揭示了一种想象投射,说话者将自己投射为一个影子,这影子似乎只是他的分身(一个通过他的嘴说话的概念幽灵);同时,他在对另一个影子讲话(即对方未能成为的那个人)。简单地说,这就像两个人肩并肩站在镜子前:不是我的那个人在和不是你的那个人说话。

请注意!道德将自我甚至是**理想的自我**投射到他人身上,在我看来,这并无大碍。我同意你的观点,如果人类全部由像你们这样的人组成(我指的就是你们,我的读者们),那么人类将会好得多。对此我深信不疑!可是,我依然认为,有必要从隐晦的说教中辨识出一个根本性的招数,即一种双重否认。首先,当你给他人规定责任时,你说话和思考的样子就好像不是你自己在说话和思考。你声称制定了无条件的责任法则,而实际上,不事先明确有效性条件而谈真理是荒谬的。其次，你对蠢人行为的解释，就好像他们已经不再愚蠢，换句话说，你提前给出了你认为能取得的结果，即把人渣转变为人。

这些话不难理解，因为我刚才指出的双重错位，即说话者(我)说他自己没有说、对象(你)不是他自己，最终清晰地表达了一件事：一旦你摆出了道德姿态，你大声咒骂，或长篇说教，其实是一回事，都是试图用语无伦次、笼统含混甚至荒谬的讨厌方式，表达某些说不出来的话、不能说的话，以至于需要借助强大的非形式逻辑思维习惯才能看得明白。因此，只需理解这一点：任何一个对别人说教的人，都不言明但切实地承认了自身的无能。他声称绝对无条件，他呼唤全人类，恰恰是因为他自己再也无法用一种让自己和对话者都满意的方式说出想说的话。

说教的言论,实际上是我们寻求解脱的"大恐慌"经典曲子。我称之为"曲子",是因为词语在这里几乎毫无意义。面对毒蛇和骇人的虫子,你太痛苦,你的语言表达支离破碎、退缩内卷、荒谬无比,"我不是在说我正在说的话",简直一派胡言,其实你的意思是"我不知道我怎么了,哦,你这个混蛋,请怜悯我吧"。

一旦采取了持续紧张焦虑、哑口无言、否认自己言论的姿态,每一次说教都成了纯粹而直接的求助。可是,你意识到这到底有多荒谬吗?你竟然在向对手求助!你在毁掉自己的表达能力!你任由自己陷入怎样的噩梦之中?我恳求你们,我的朋友们,醒醒吧!

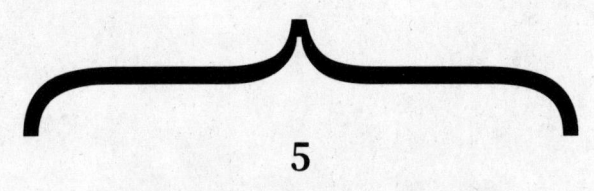

5
放弃道德姿态。停止审判。刻不容缓!

**道德权威
如何彼此冲突**

接线员，用事先备好的话术，就能让我们在一瞬间里强烈地感知到自己的无能。漫长的等待之后，一个指令接着另一个指令操作（"请拨0""请拨1""请拨1""请拨1"），到最后，临时工接线员对你的问题仍是一问三不知，他要么缺乏培训，要么确实无能。于是，这事引发的受辱感（事实上，生活中几乎总是这样，我们简称为现实）开始回向自身，转为**怨恨**自己无能，说到底这是一种羞耻。同时，电话那头的人还在和你绕圈子，从兜售服务到特价优惠，此刻的你真恨不得掐死他。

总之，就像狗和狐狸一旦咬人就传播狂犬病，接线员扼住了你的喉咙，最终，你们俩都无能为力。就这样，通信公司以无人敢匹敌的残忍，将我们推入一个本来应该由他们来解决的困境：沟通之难。这些顶着"全心致力于沟通"宣传形象的"客户服务热线"其实不是为了解决你的问题，而是竭力遏制问题，拖到下一个账单周期。

蠢人们把我们卷入权威之争，本章我们将探讨这一冲突，以及如何平息冲突。

顽固不化的**蠢人们**，终于成功地让我们栽倒在道德的基本原则之上。别害怕，确保你不是他们其中一员的理由之一，是你懂得享受思考的乐趣。即使道路更加崎岖，即使你眉头紧锁，但是我相信你一定能承受人们所说的哲学之欢，简单地说，就是你能冲破自己的思想防御，突破缺口，探索全新视野。

请思考以下假设(我认为还未得到证实)：我们对**蠢人**的说教，不论明说还是暗示，或许都只是一首哀叹我们自身无能的愤怒之歌。进一步说，针对**蠢人**的道德责任理念，只是在**蠢人**身上的一种投射，表明我们无法在大张旗鼓、令人惊愕的愚蠢之中认出自

己。总之,任何说教都有一层言外之意:

我无法让你按照我的意愿来做,于是我说,你必须这么做。

毫无疑问,你会说,我不应该这样诋毁道德,道德让我们得以共同生活;不接受一些绝对的价值观,我们将一事无成。又或者,恰恰相反,你会告诉我,立即摆脱这种无用的盲目的负罪感,若是任由条条框框阻碍主动性和创新,我们将一事无成。你敏锐地看到道德是一种体系,不过,这与我的观点毫无关系,我研究的不是道德本身,我说的是人际互动,一个人对另一个人采取(即使是含蓄地)**道德说教的姿态**——每一位父亲、每一位真诚的闺蜜,还有每一个自命不凡的无礼之人,都会这么做,不管对错。

此时,责任的概念表现为一套话语操作,在没有其他动机的情况下推动行动,也就是说,模糊双方之间的关系，掩盖事件的影响点，不惜忽视双方意愿的每一个交集，最终把能够促成有效互动的所有要素都丢失了。

道德姿态并不一定不合理，也不是毫无根据，但是，此刻我想证明的是，这种姿态是无效的。请重读以下这句话，仿佛一个蠢人在对你说：

这事不应该再这样下去，
不是因为我对你这么说，
而是因为其他事物在对你说。

对你来说，这话不痛不痒。有点儿像在听一个撒谎成性的人鬼话连篇，任他说得天花乱坠，你压根儿没听进去。你不认可这番话里有丝毫的真实。因此，必须承认，说教不足以应对实际的问题。问题其实就在于，对话者彼此之间的信任丢失了，不再相信对方有能力说出真实或可接受的事实。因为有了蠢人，因为他们的错，承载言语沟通的那根枝权已经断裂。这才是绝对关键的要害点。更准确地说，人类互动中的某些东西被锁住，这锁扣导致社会互动陷入瘫痪，连最简单的语言交流的基本规则也失去了效力。

一开始，说教言论将助你绕过这一问题，你暗示，你说的话不取决于你自己，所以，即使蠢人对你毫无信任，他也能接受你的话。因为确实存在一条道德法则，禁止这样或那样的行为，而这法则不是"我"发明的。仔细想来，道德姿态掩护了说教者，让他得以置身于自己所说的话之外。这种方式相当巧妙，想要在两个不愿再互相倾听的人之间重新搭建起沟通的桥梁，确实有必要这么做。

可是，为什么效果却一塌糊涂呢？因为道德权威一直只是一种彻头彻尾的假设，不过是对话者之间已然消失的那份信任的一个残影。这就是为什么这种形式的权威形同虚设。你企图用说理来强加的东西，蠢人压根儿不想知道，而且他们也一个字都听不懂。于是，信任危机转化为权威之争，权威之争又变成释意(相互解释)冲突,最终,尽管这番说教看似满满仁义道德,其实不过是转移了问题,并没有解决问题。

而且,如果你的对话者能说会道(不幸的是,大多数蠢人都是如此),他将随时准备以礼还礼,反过来对你说教。就算你乐于承认善恶有别,或者赞同确实有一种规范人类行为的理想方式,但终究不应是这等**蠢**货来教你道德,因为此时就是他在践踏道德。

更有甚者,真正的**蠢人**——那些不是、也永远不会是你朋友的人——拥有与你不同的价值观体系;你认为不可接受的行为,在他们看来完全正确,反而觉得是你的行为越界了。也许,本书必须揭示的最难以承认、最深奥难懂、最无可忍受的一个事实就是:人类成为**蠢人**,不总是出于错误、巧合、一时疏忽或行事过分,更因为当时的处境,可以说,身不由己。所以,有些蠢人是**系统性蠢人**。

感叹老天竟然给了我揭露这一真相的使命,既然我们都受了折磨,索性坦然直面。通常所说的差

异性，不仅仅指身体、语言和文化层面使人类丰富多样的差异，同时还意味着在所有社会和所有社会阶层中，都存在这样一群人——不止某一个人，也包括与他观点一致的朋友，他们不关心逻辑自洽，也没有一套与你不同的价值观(这点本身就很值得关注)，他们的价值观是不要任何逻辑，换句话说，毫无章法。这就是我说的**系统性蠢人**。如果你怀疑这类蠢人的存在(直到不久前我仍在怀疑)，我可以向你介绍一位既不傻也不疯、不邪恶，甚至工作非常出色的人(真正的蠢人很少是笨的)。这颗名副其实的钻石(堪称我有幸遇见的最纯粹的钻石)，明明有能力，也**不愿意**去理解事物，换句话说，他英勇地**执着于自己的愚蠢**。

因此，面对一个蠢人，无论哪一个蠢人，道德说教遭遇的艰难险阻在于，我们预设有一个最低限度的共同基础，基于此一起讨论和评价行为。但是，蠢人不同于你的孩子，或广义上与你有情感关联的人，蠢人没有理由非要接受你的价值体系，他大可不必费力劳心去理解、去重审你的价值观。面对一个连共同制定规则的建议都拒绝的人，想达成共识遥不可及，所有人都陷入彻底无能为力的境地。

为什么蠢人不愿意谈判？因为他们不承认有任何权威存在。但是，你会说，为什么他拒绝以平等的身份一起服从理性的至高权威呢？

我看出你的疑惑。蠢人不接受你。他们不仅不尊重你，甚至不愿理会你的存在。他们**不把你当回事**。他们最想做的是表现得你根本不存在似的，更准确地说，仿佛你的存在，你的一切欲望、思想、希望、恐惧、焦虑的请求、压抑的温柔，你身体所承载的包含情感、符号、图像的整个世界，没有一处与他有任何关联。在他们眼里，你一无是处，毫无存在感。这种姿态是何等的愚蠢，极具侮辱性，令人瞠目结舌，可是你终究还是得接受。你和蠢人之间的共通的人性崩塌了，我更想说，共存的可能性破灭了。毫不夸张地说，我在自己家中经历的遭遇，在我面前陡然辟出这辈子最令我头晕目眩的一道鸿沟。

这场灾难，让试图建立对话的一切努力功亏一篑，蠢人和你之间不再有丝毫信任，甚至没有任何共同的愿望。谈判是不可能的，两个世界断了联系。这就是为什么权威自相矛盾（理性的权威、道德的权威、上帝的权威或某种我不知道的至高无上的权威），尽管权威绝望地一再尝试，企图教人开悟，却在互动中惨败。不管怎样，在你对蠢人说教时，你说的是一种他听不懂的语言。加之语言本身存在僵化和模糊性，哪怕好朋友之间也难免产生误解，何况遇到危急时刻，无法沟通更造成不可估量的影响。

可叹的是，问题远不止于此。人与人的互动不限于语言，还涉及一系列感官感受（语气、手势、姿态、外表，还有即时的理解、过往经历的共鸣等），每个人都从各个方向，或相反或矛盾的角度，来诠释对对方的感知印象。可以说，这种普遍符号学现象意味着，如果感知不到共通的人性，每个人的方向将无法控制。我怀着忐忑的心情写下这句话：事已至此，无能为力。

最后，亲爱的读者们，如果你们允许，让我们回顾一下人际互动的病态现象，我想这会有所助益。病态的互动，淹没我们彼此的理解，磨灭我们对他人的信任，动摇我们自认的权威，但不会使理解彻底萎缩成象征性的误解，在我们的内心深处，依然存在着一种彼此之间的难以言说的亲近感或者敌意（可以是心灵感应、振动波、信息素或其他叫法）。这意味着，你身上永远存在着某种东西，是蠢人看不顺眼的，让蠢人浑身不自在，有时甚至你还未做任何动作、未开口，就已经惹恼了他们。而且，这往往是相互的。

在你和我之间，可能你不喜欢我的声音，我厌烦你抓耳挠腮的样子，但我们总能互相倾听。遇到蠢人，情况就不同了。借着波澜起伏的攻势，蠢人竭尽全力想摧毁你的价值系统，让你屈服于他的伪系统。他轮番上演大口喘气、发抖呻吟、大喊大叫，因为这就是他的语言（如果可以称之为语言的话）。他用各种手段挑衅你、激怒你、欺辱你；或有时，他声嘶力竭地高谈阔论，用一副自以为是的口气向你诠释人生。

至此，我们不得不承认，如果双方的权威发生了冲突，那么，显而易见，同理心丧失了，同时也失去了修复同理心的条件。在这场人与人互动的灾难中，共通的人性沉入海底深渊。那个蠢人还在对你说话吗？既然我们已走到这一步，不妨听一听他要说什么。

6
放弃语言游戏吧。他们根本不想听懂。

如何
倾听蠢人

"这是假的!"

"怎么会是假的?"

"我跟你说这是假的!这不是真的!"

(彼此僵持不下)

"得,这也没什么大不了的!"

本章我们将学习如何倾听蠢人，如何让蠢人说话，如何缓解冲突。同时，学习如何表达你自己的想法。

让我们快速回顾一下。当蠢人出现在你的生活中时，他一定是做了什么事或说了什么话，令他愚蠢立现。于是，你一门心思只盯着他的**蠢事**。思考这事时(通常你认为做得有点儿过分)，你身上的一切**人性**(你的内心、精神、理性之灵、肠胃反应、鸡皮疙瘩)都在向你指出，一个人**不应该**做出这样的行为，至少就你身处的情境而言。你感受到你更加笃定自己的道德价值观，你希望与别人分享。你的**道德说教**(或明言或暗示)，是号召大家接受你的道德规范。但是，仔细观察后你会发现，这种号召是无力的呼喊，因为你(无意识地)假定了具备践行这套价值规范的条件,而这些条件其实已经丧失。当然,我们也得承认,说教的初衷在于提醒对话者注意,让他**在未来的日子里**行为举止更加谨慎,更好地认识其行为造成的道德、政治、经济、生态诸方面的后果。然而,这世上还有很多其他方法,同样可以鼓励他人**作为或不作为**。

这一思考鼓动你在遇到蠢人时放弃说教策略。关于这一点,后文我再详谈。现在,我首先想指出,这种思考如何让你用平静的"耳朵"聆听强行对你进行道德说教的人。事实上,为自己辩护、反驳对方意欲强加给你的**罪名**,这是最常见、最自然却也最无效的反应。蠢人就喜欢让别人感到内疚。而你在拼命澄清时,又犯了一堆错,我都不想细说了……但至少有一点是肯定的:你支吾着罗列理由时,你甚至已经忘了自己用的是哪个价值体系(是你的,还是他的)。我可以证明,无论哪个体系,你都选错了路。想要速战速决的话，我请求你，**停止辩解**！你领会(或假装领会)蠢人企图强加给你的价值体系，但事实上，系统性蠢人根本**没有**体系，他们不遵守任何规则！所以，别再为自己辩解，这是白费口舌，自取其辱，甚至是危险的(他强迫你为自己辩解，你怎能原谅他呢？)。尽管我在你的努力中觉察出一丝宽宏大量，但是，你首先必须学会**否认**蠢人的裁决**统辖权**。一开始就要藐视蠢人的裁定结果，否则你将无从脱身。

你更应该注意到，对你说教的人其实是在哀叹自己的无能。他试图让你承认他的能力，以此来挽回已经丧失了的信任(在这场互动的"海难"中，你们两人都丧失了信任)。可以说，他的话是一首哀怨之歌。要想耐心聆听，那就忘掉所有的规矩(没有什么规矩，绝对没有任何规矩可以强迫你，因为一切规矩的权威都只来自你自己)，抛却所有的罪恶感(其实是说教者把自己的耻辱感投射到你身上了)，接纳对方的哀叹，是的，双手迎接吧，把哀叹看作一种痛苦的证明，他苦苦哀求，只想获得你的认同。

总之,说教者不会说"**我受伤了**",而是以迂回的方式表达同样的意思,他想说"**你不能伤害我**"。忘记前半句话,不要陷入"这不是我的错,是你的错"的陷阱,也就是说,丢掉"你必须"的执念,去倾听他的哀叹。如果你从一开始就把我的分析听进去,你会记得,道德说教的目标**始终**是寻求"认同"。但现在,你认为重要的是让对方承认错误(这正是羞耻和悔改的原则),这恰恰证明了,理解**语言**以及**行为背后的动机**,远比争论到底**谁对谁错**重要得多。

一概而论的言论(无论明言还是暗示)支撑着我们与蠢人的大量冲突,但顺着刚刚提及的思路,或许能避免被这种言论所欺骗。事实上,说教源于一种逃遁,一种对与互动之船倾覆直接相关的普遍性(归纳)的逃避。正如我所说,说教策略不能挽回任何已经失去的东西,你不是在说服对方,只是围绕着早已沉没的信任喋喋不休。

这就是为什么训诫他人的人会请求对方承认他的权威——为了恢复信任。他一边这么做，一边又掩盖了那个有信任问题的人(即他自己)，所以他很难成功修复信任。万一眼前还是一个极其难缠的混蛋，他更永远无法成功！

只有将说教视为一首哀悼之歌，互动的小船倾覆之后的哀歌，才能打破道德主义的循环，一种围绕着已彻底丧失的信任的道德主义。

在说教中识别出实际的认同需求，你才能摆脱真正的无能言论，不再受制于权威的虚假作用。从言论的严谨性来看，这意味着，要解决与古怪的人、粗野无知的人或各种蠢材之间的冲突，必须尽量不做评判(比如说"苏格拉底是个蠢人"之类的理论主张)，更多地用叙述的方式，借助叙事来重构表现和欲望的发展过程。由此，我们得出了有助于缓解蠢人和你两方情绪的说话方式，根本而言，就是叙述。的确，叙事才能平息冲突，唯有如此，才能让真相从各种观点的交错中浮现出来，不追求完全达成一致(不同于概念讨论)，也不苛求完全精准，更不需要任何确定性。

而且，叙事在人际互动中的绝对特权，堪称世界上最美好的事情之一。当你学会认识痛苦，拥抱痛苦，并倡导释放痛苦，你就能体验到别人对你的说教失去了核心威力(打击你神经的威力)，向你说教的男女渐渐地不再用指责的语气，转而用让人舒缓的坦诚直言。当蠢人希望有理有据的时候，他不太可能对你撒谎。他会真诚地向你讲述，以表明他是对的。这样的自我讲述，完全不同于沟通，它是深层意义上的**共同促成某件事**。

从这个角度来看，不同于哲学家更愿意相信的那样，事实上，我所说的"烟花效应"(激发强烈情绪的事件阻止我们思考)，无法借助**智慧开悟**来解决，反而会照亮阴暗地带，用动机来解释蠢人的行为和言论。只有彻底**摒弃概念化**(也就是说不做评判)，完全相信叙述的力量，才能消除人类愚蠢给我们带来的烟花效应。是的！因为如此一来，你不必赞同蠢人给出的事实版本，甚至不用明白他们对你说的一切。想一想在音乐中，旋律本身提供了一条叙述线索，使我们完全不需要去理解任何内容。最重要的是记住：每当遇到蠢人，你所能做的就是，放弃传统意义上的沟通(特别是概念性沟通)。最有效的方法：紧急开启你的忏悔室。苍天啊，蠢人正在受苦！即便他们说着和你不一样的语言，也任他们向你解释吧。这固然有点儿令你生厌、感觉无聊至极，甚至根本不想出手帮忙，但要知道，没有人要求你为他们解决问题，连蠢人也没有要求这么做。相反，倾听他们的抱怨，鼓励他们说出想要什么，你最终会实现你的目的：恢复一点儿信任，让你的生活更轻松。

你也许会对我说，这些蠢人，已经导致我们的道德标准相对化了，现在似乎又要让我们放弃事实。让蠢人讲述他们的故事，也许……

但代价是什么？这确实是一个哲学观察。因为这种反对意见，又一次用命题语言来诠释真相_{（如"西尔万是个白痴"或"苏格拉底不是白痴"）}，而且你认为这样的命题必须非真即假。这里面隐含着基于排中律的真理概念，但是这一原则过于僵化，无法应用于道德领域_{（更不用说当代逻辑早已超越）}。长话短说，我可以这么说：共同构建真相无须各方达成一致，道德情境下的真相，是各自立场的交汇。为了接近真相，我们有必要将最迟钝的蠢人或最不诚实的混蛋的意见纳入思考，与他一起确定他的意见在哪些角度可以共享，可以与其他人的意见兼容。这项融合工作，也称为外交，是我们这个时代面临的巨大挑战之一_{（也许是所有时代的挑战，只是我没有经历）}。

这种融合也是我们与情绪的关系核心。可以说，任何一种情绪，一说出来就释怀，一遁入理论就引发怒火。所以，倾听对方，对叙述持开放态度，让我们能够应对情绪的挑战，无论是自己的情绪,还是蠢人的情绪。既然需要这么做,那么,也请你讲述你的故事吧。让你的内心不受情绪的滋扰。不过,绝对不要强求蠢人承认你受苦的事实,而要去寻找开明的善意人士的支持。因为你知道,**蠢人不屑于真理,也不想要真理!**如果用理论强行灌输真理,你将继续和他们别无两样。还需要提醒你吗?最大的道德挑战,不是让愚蠢变得智慧,而是更谦逊地防止蠢人**在实践中**造成伤害。

遁入理论有一个例外,我们称之为哲学。其实,讲故事(比如我刚才所说的)不仅是作家的事,也是人与人互动中不可或缺的工具。同理,哲学绝不仅是一门大学的学科，以概念化为基础的哲学，而是一个过程，每次都在你身上激发一种情绪，表现为渴望理解、突破文字的界限，然后，像现在这样，开始用抽象概念来表达，这些概念较少关联直接经验，因此这操作构成了自身的另一种类型的经验，即对第三层意识状态的真正探索（既不是事件层面，也不是情绪层面）。从这个意义上说，我们在思想的天空中绽放自我，思想天空无非是内心的天镜，这种体验比顶级威士忌的蒸馏更纯粹、口感更微妙，一次又一次地倾注在我们和亲朋好友之间，直到我们不再干渴。

7
分享你的陈述，也鼓励他们讲述自己的故事。

道德
如何促成互动

在美好的日子里，他们不请自来，如野兽般叫嚷着，无处不在，最意料不及的地方也无法幸免。你正倚靠在栏杆上，首先，来了一位爸爸，他看都不看你一眼，直接推开你的肘部，架上一部大得出奇的长焦镜头，拍摄他认为堪称世纪最佳的照片。这个时候，他的孩子们，举着蛋筒冰激凌，在石板上奔跑。一个草莓味球体脱离轨道，"啪"的一声落在地上，慢慢地融化成一坨黏稠物。于是，妈妈冲着那孩子大吼，孩子也哭嚷起来，两张嘴相向而对，场面一度拥堵，你仿佛看到了消防车、侠盗猎车手、拿破仑时代的步兵、球星罗纳尔多、几部警车、闪电麦昆，还有一辆灵车。几个放肆的青少年，把你从愕然中拉了出来，他们软软的手臂蹭过你，放了几个响亮而得意的屁，扑哧笑着跑向更远的地方去继续放声大笑。

这幅景象，出现在这个星球的各个角落：古老的宫殿里、寺庙前、公园里、教堂的台阶上、花园里、清真寺入口处、博物馆里，你的鞋底也沾满了口香糖渣。此刻的你，只求躲进一个能清净看书的地方，任何一个地方，只要能逃离这个世界。

本章我们将探索什么是道德权威，为什么你会不顾一切地用道德权威来对抗愚蠢。

在前一章中我们看到，与蠢人交谈时诉诸规范法则，或多或少是一种隐晦的威胁，让人联想到一种多少能感知到的强势。从这个意义上说，我们借助国家权威，至少是理论层面上的权威，来威慑那些想毁掉我们生活的人，限制他们可能造成的损害（具体指预防和惩罚违法行为和犯罪），同时也让自己安心，因为这样的权威缓解了我们面对狡猾善变的混蛋时的无力感。然而，法治是有代价的，我们获得了保护（虽然国家并不总能提供这种保护），与此同时，自主权也随之减少。受到的保护越多，自卫的本能反应越弱。如果"我们"只是一个个体,那么这种效应类似于大人幼稚化。但是,真正需要保护的"东西",不是微不足道的个人,需要拯救的是人与人之间的互动。例如,如果你选择武装自己,你也许能保护身体不受侵害(恐怕也未必能做到!),可是你也在顷刻间摧毁了值得保护的东西——也就是我所说的,你和他人互动的质量。

第三种情况,你声称"有理",这恰恰表明,你这个人在试图拯救和他人的互动的同时,又积极地破坏着这场互动。让我们设想一下,一种法律上没有明文禁止的行为,你却据此做出道德审判——说他是一个蠢人,任意扣上罪名(撒谎、违背承诺、挑拨离间等)。在这种情况下,你既没有事实可证(第一种情况),也没有法律可据(第二种情况)。而且,你没有要求明令禁止所有蠢人(第一种情况),也没有要求执行禁止蠢人的现行法律(第二种情况)。那么,说到底,你所谓的有理有据是什么?禁止做蠢人的道理规则，又从何而来？

也许你坚信，在某个地方，存在着一种不可触犯的原则，称为**道德法则**，只是在这个语境下尚未成文。可即便如此，就算我和你一样都觉得自己骨子里已镌刻着一些原则，但是，让我们首先承认，道德与法律具有相同的形式，有所规定，亦有所禁止，也是一种抽象概念，被赋予了实际现实——**文字**(规则规范)与**权力**(机制)。因此，道德是法律在其框架之外的延续，也就是说，道德是不成文的法则，不具备奖励和惩罚的功能。我们可以将道德权威视为司法的纯粹而简单的外推，依赖于遵纪守法的习惯。而且，在国家化的社会里，道德说教最为盛行。不过，别着急，我们一步一步来剖析。

首先，这是第一个观察，解释了为什么在日常生活中，你声称并认为你在**道德**上有理，其实，你借用了你不具备的力量来威胁蠢人，并且在没有能力的情况下挑起一场权力拉锯战。毫无疑问，这是一种愚蠢的行为：你的行为完全像在服从一个国家，而这个国家实际上并不存在。

那么，还记得"服从"是如何运作的吗？互动之船倾覆的遇难者(这叫法似乎比"个人"更恰切)，越感到自己毫无招架之力，越渴望抓到一根救命稻草。当国家无法回应他的呼唤时(没有哪个国家会严禁蠢人，因为他们就是操控者)，"服从"被置于虚空，换句话说，服从于**道德**权威，这里意味着一种**缺席**的权威。由于权力缺席，想要宣称立场却又威力不足，于是，无力转化为一种主张。你把想要而没有得到的东西，塑造成一种**道德权利**，其实只是你自认的权利，仿佛这是属于你的东西，其实你并没有拥有。你对他人有所期望，但你无法强迫他，于是，你声称这是义不容辞的**道德义务**，你强迫他人要做到，其实他们**不做**。正如你所看到的，这是异想天开的谵妄，现实被投射到颠倒的表征中，类似于在一个连棕榈树也没有的荒岛上，找不到水源的求生者常会做的事(梦见倾盆大雨，梦见树荫庇护)。由此，"道德"一词有了另一种含义：道德指只在**理论上的理想**设定中发生的事，这种理想设定没有任何基础，除了受难者无力的欲望，一次又一次沉溺于自己的无奈困境，一心念着早已失去的力量，迂回挣扎。比如你自己，你认为人类有**责任**不犯傻。而且，更严重的是，你胆敢坚信你**不应该**憎恨你的人类同胞，即使他们是混蛋。可是要知道，这些责任并不符合你对现实的感受，完全不相符……

话虽如此，但仍然还是迎合了你的现实感。原因如下：

首先，我们可以说，你声称的**道德权威**，表达了你的愿望和现实之间的差异。这种权威，并非来自以强有力的声音制定法令的正面绝对，却表达了一种真真切切的绝对，是遇难者的"高声疾呼"，是遇难这件事抛向你的"巨大挑战"，喊出了你的无力，喊出了你内心深处的请求，让你的欲望和发生的事件之间的落差得到填补。在这个分析层面上，这样的表达方式，最适合我们称为愚蠢之举的灾难现场，可以说，是这世界上一切道德道义的鲜活来源。这种表达，或许纯粹就是一声焦虑的呐喊，一支驱魔之舞，只要能够战胜我所说的信任之殇，换句话说，只要能克服互动崩塌之难所引发的可怕情绪，任何一种方式都可以。当然是这样！因为，正如我已经指出的那样，这场灾难使所有人类规则陷入危机，因此，当你感到身陷苦恼与无力处境时，你可以彻底地任由自己以任何喜欢的方式发泄出来，去面对这个本质上如诗歌般的问题——有感而发，宣泄情绪。

正是这样，道德体系才免于荒谬。归根

结底，划分善恶是为你的抱怨提供辩护，允许你呻吟，在你绝望的时候肯定你的付出。是的！当爱人背叛你，对你撒谎，操纵你，牵着你的鼻子，把你推进最险恶的懦弱泥潭之中，或当伴侣虐待你、打你，在你说出"太痛苦，我再也不忍了"，那一刻，这句话，犹如吹响了解放的号角。帮助你分道扬镳，帮助你行动起来，帮助你坚守**理论上的理想**的自我形象，这就是道德的伟大功德，道德的积极作用所在。这绝非小事，分手解放了你的情感，换句话说，让你从错误的卑微中走出来。通常，这会产生巨大的情绪云团，包裹着如获新生的解脱感，还有刻骨铭心的痛。总之，你的抱怨，你的审判，你的判决，你在想象中审判那些人，对他们判以酷刑，这么做有助于你的情绪乌云消散，时而化为仍在燃烧的灰烬，时而变成令人心碎的凄凉的雨。从这个意义上说，道德是一种最直接的情感手段，旗帜鲜明、不容置辩的道义，被证明能够接收、吸纳和表达我们的感受。

然而，道德法则还有另一面，即破坏性功能，且能完美实现这一功能，甚至有些**过分**完美。事实上，道德破坏了人际互动，不过，如我刚才说的，遇到有害互动时，这非常管用。缺点在于，破坏性横扫一**切**互动——任何人在辩论暗含道德答案的问题时，哪怕只是与朋友讨论，也会遭遇滑铁卢。你觉得你前任怎么样？她真的背叛你了吗？从什么时候开始，做了什么，她就应该被认为是混蛋？谁说了算？这些问题一旦抛出来，声调立刻提高，气氛骤然紧张，甚至，就在你倍加当心但其实早已预见的那一刻，谈话终于崩裂。为什么会这样？因为，诉诸道德法则，是一个人在能力不足时采用的言论和思考方式。顺便说一句，这也是流言蜚语让人欲罢不能的原因：展现他人的不足令人倍感宽慰，因为这证明我们任何人都不是唯一的受难者。不过最重要的是，这是道德法则的基础。道德法则的权威，来自你的受难处境，让你有权提出一个绝对真理——生存。可是，这种绝对真理只对你有效，对此你心知肚明，因为你是你自己的这场遭遇里的唯一一人。这也是为什么本应该在讨论开始**之前**就达成一致的事，在讨论时刺激了所有人的神经，导致讨论沦为过激的争论，每一个参与者都要求所有人默契配合，都想获得本应在讨论之前就达成的认同，这仿佛是一声可怕的呼喊，召唤大家聚在一起，如夜色中的狼群，在迷雾氤氲中不安地嚎叫。

能力不足，加之需求的觉醒，就这样最终颠覆了事情的自有秩序。事实上，我们只能基于**你和我之间**的协商，一起为你我的关系制定条件(即道德规范)。设定对话的条件，是一种自相矛盾的说法，对话没有先决条件。

这就是为什么一旦涉及这些话题，就必须放下武器，因为我们的道德信念会瞬间关联到自身的不足。面对自己的不足时，每个人都默默地暗自压制情绪，结果导致互相厮杀。本是一个崇高的目标，却用了糟糕的方法。用哲学术语来说，语言是绝对的、无条件的，因为语言本质上是为他者设定条件。

总之，最好从一开始就认识到人类普遍存在的局限性，迈出正确的一步，承认我们正是通过语言交流，携手一起，即兴创造一种开放的规范模式，这样才能同时克服不足与焦虑。而且，我们无法依靠道德权威，道德权威只能根植于每一个个体，取决于你是否奋力求生、同时又意识到自己无法单枪匹马地生存下来。一旦介入与另一个个体、群体或机构的互动，你会在个人道德中成功注入焦虑，扭曲交流，使互动变成一种潜在的威胁，且是无边界、没有实在内容的威胁，坚称

设定了条件。你会这样说:

"我们来讨论一下,否则……!"

否则……会怎样呢?我稍后再谈。现在,我更想先走出这个让你和我都心力交瘁的概念混乱区,给出一个结论:想让大家无条件地接受道德,意味着要借助力量,然而,除了惹恼所有人、加剧焦虑之外,道德别无任何力量。这就是为什么高举道德旗帜必定会毁掉你和他人的互动。

我这样说，是不是就沦为非道德主义呢？不。我正在解释的，是一个你和所爱的人交流时就已遵守的准则：避免不必要的怒气，也就是说，就事论事。归根结底，你不必放弃自己的道德原则，因为在我看来，准则具有规范性是再自然不过的事(包括且尤其包括那些不言而喻的准则，如爱、真诚和善良)。相反，遇到与个人道德水火不容的情况时，请不要试图推广你的个人道德。用武力加强你的道德，恰恰背叛了道德。想一想，把你的准则强加于他人，无疑是毁掉道德认同的最直接做法。

8
不要把你的准则强加于他人。请与他人协商。

为什么
蠢人更喜欢破坏

"可以配薯条吗?"

"呃,不行,只配沙拉和青豆。"

"有其他配薯条的套餐,可以对换一下?"

"哦,不行。"

"为什么不行?这……这有问题吗?"

"是的,这道菜配的就是青豆。"

"那……厨房做不了吗?"

"不,不是这么说。"

"所以,我……或者,我另外加钱?"

"没法加钱。"

"那为什么不能换呢?"

本章我们将思考力量平衡和战争艺术,从中找到有助于在家族饭局中幸存下来的策略。

今早醒来时,我想到,前一章的最后一句话可能会引发非议。我写道:把你的准则强加于他人,无疑是毁掉道德认同的最直接做法。这句话并非突发奇想。这得自于我近十五年的学习、教学和在世界各地的亲身经历。你会说,做了这一切,就只得到这句话?是的,正当我思忖该把这句话文在身上哪个部位时,一个疑问悄然而至:我承认准则具有倾向性(这解释了为什么我理所当然地相信世上有蠢人),同时又拒绝武力强加(也就是说,我们**无法**消灭**蠢人**,即使理想的道德也做不到),我是不是把自己变成了温和操纵的鼓吹者?换句话说,我是不是在建议你们不要与蠢人对抗,而是操控他们,只要做得足够**温和**,就无须在意他们伺机反杀的风险？

嗯，以下是我的回答。当我说道德标准可以共享时，我是在鼓励协商。协商是在行使一种共同的、互惠的权利，由此我才认为，没有理由把互动的道德规则视为伪装的支配形式。双方交谈结束后，我们可以想象，规则会被修改，规范可能被重塑，甚至可能会无休止地一再改变。那么，你会对我说，这样就不再是规范。是的，现在你该明白我的意思了：你认为所有人**应该**认同你的价值体系，在不违背这种主观建构信念的情况下，你仍然可以降低这种思想的负面影响。换句话说，保持忠于自己的同时，不再做别人眼中的**蠢人**。你觉得别人是**蠢人**，这已经够糟糕了。

此外，考虑一下相反的假设。对说教、法律原则以及道德权威的研究，让我们明白：在谈判协商之外，只有权力的较量，这里的权力不是表象，也不是隐喻。如果你清楚地知道暴力总是近在咫尺，我们可以提出一个新的定义要素：根据原则和定义，**蠢人支持战争**。

是的，我知道，如果你说"**我是支持和平的**"，那么所有对话者都会站在你这一边，尤其是那些愚蠢的人。然而现实是，日常生活中的许多举动都是导向冲突和破坏的，只是我们没有意识到这一点。事实上，每当我们为对话设定先决条件——假设对方不是对方——那么，愚蠢便会悄无声息地出现。**首先**消灭对方，**而后**获得话语权，这种想法是一种愚蠢的态度，然而，这种态度比我们想象的更加屡见不鲜。

尽管这不是我的习惯，但此处，我将用一位伟人的话来说明这一点。自从开始这项课题，这位名为老加图[1]的伟人就一直在我脑海中萦绕，

---

[1] 老加图，全名马库斯·波尔基乌斯·加图（Marcus Porcius Cato），古罗马著名政治家、军事家和作家。他以严格的道德观念和保守的政治立场而闻名，是罗马共和国时期的重要人物之一。老加图最为人熟知的是他在罗马元老院中的言论，尤其是每次演讲结束时都会重复的那句"*Ceterum censeo Carthaginem esse delendam*"。这句话表达了他对迦太基的敌意和决心，以及对罗马安全的关注。在他的坚持和影响下，罗马于第三次布匿战争中摧毁了迦太基。老加图也以其严苛的生活方式和反对奢侈浪费的态度闻名，被后世视为罗马道德的典范。——译者注

犹如伟人自己也被敌人的思想所困扰一样。罗马与迦太基的第二次布匿战争后，这位伟大的元老、罗马历史上的英雄，总是在演讲结束时重复同一句话。无论辩论主题是什么，发言结束返回座位前，老加图都会说，"*Ceterum censeo Carthaginem esse delendam*"（此外，我认为迦太基必须被摧毁）。

老加图对消灭敌人的执念提醒我们（两千多年后，我们仍然记得他，和他那句细思极恐的话），战争的逻辑，仍旧如永恒炽热的岩浆，始终隐藏在地壳之下，隐藏在每一场辩论之中。不幸的是，与老加图不同，**蠢人意识不到我们别无选择：要么我们同意和睦相处，要么，言下之意，终究不如相互厮杀**。蠢人说话毫无忌讳，每次都令人错愕，他们几乎永远倾向于挑起战争。他们忘记了，言论之后，是真真实实的血肉搏杀。公元前146年，迦太基最终被摧毁。此时，老加图已不在人世。

你的小姨子或出租车司机常挂在嘴边的关于诸如伊斯兰教教义、犹太基督教教义、布波族、法西斯分子或老师的蠢话，和发生在或遥远或近在咫尺的悲惨爆炸事件，这之间有什么关联呢？必须承认，它们之间的关联非常松散、非常遥远，但切实不无关系。显然，不是因果关系，更不涉及道义责任，这只是战争逻辑的问题。蠢人想要战争，却不知道战争意味着什么，也没打算亲身参与战争。然而战争的原理，表现为**剥夺他人的发言权**（从根本上说是剥夺存在权）。对于这种姿态，拥有权力的一方只会委婉表达，但战争赋予了蠢人享受行使破坏权的快感，含糊的、不明说的、象征意义的快感。

这就是为什么，蠢人不合常理地更喜欢战争，且乐在其中。他们享受着破坏的快感，至少在思想上是这样的。这快感，无论在思想上还是现实中，都让每个人处于危险之中。你可能会问，如此独特的破坏快感从何而来？嗯，首先，蠢人就是无脑巨人，被自己的力量所震慑，挥舞力量时又一直心存狐疑。就像新生婴儿一样，他们不惜一切代价，在任何人身上测试自己的力量。这么做恰恰是因为对他们来说，这力量一直是个挑战。在统治他们的其他蠢人的鼓吹下，他们对自己始终充满怀疑，最终，有些人通过支配他人来化解，另一些人则通过妥协来平息。在一天之内，千变万化的愚蠢从一种形态变成另一种形态，在统治、妥协和毁灭之间摇摆。

更有甚者，当蠢人倾向于破坏时（例如威胁你），他们不在乎挥舞的是不是自己的拳头。甚至，很多时候，他们也不在乎能否保护自己的力量。他们又在乎谁呢？他们其实是在盲目地服从一种与他们没有直接关联的省力逻辑，这是一种宇宙的自然趋势，即破坏比建设更简单、更容易，攻击比安抚更容易，搞砸事情比明辨是非更容易。蠢人任由自己被一种暴力所左右，一种超越了任何主观建构、社会建构、政治和谐乃至超越一切生态的暴力。换句话说，他们恪守熵增原理、破坏秩序、回归无序的自然法则——不完全是因为他们懒惰(尽管这么说并没有错)，更深层的原因在于，穿越他们内心的力量无法在他们身上凝聚起来，无法形成主观力量，于是，犹如一道波浪汹涌而来，却搁浅在了人际关系的岸边。

我们觉察到蠢人偏好战争，这无论如何都绝不是一种神秘的死亡冲动。蠢人呼吁的、表现出的暴力，不仅仅是一个主体对其他人行使的一种权力形式，愚蠢的暴力比这更具**宇宙性**。愚蠢的暴力标志着这样一个事实：人类是一种力量的接棒人，这力量既能团结，也能分裂，既能自我构建，也能自我解体，能够比吹散一朵蒲公英更轻而易举地粉碎人类与整个地球。真正导致毁灭(战争、死亡、生态灾难)的，就是存在的至高力量，这力量时而以奇妙的能量组合来构建自身——是你、是生活、是快乐、是世界的永恒之春，时而在可怕的闪光中错乱瓦解，暴露一切意识形态的脆弱性。是的,我知道!你希望蠢人只在哭泣时感到难过,希望他们向你伸出援手,笑容可掬又风趣。可惜现实不是这样。存在的力量穿过他们的身体,将他们摧毁,他们在仇恨中倍受折磨。他们憎恨任何事物、任何人,这股力量附在他们身上,大肆破坏他们。

破坏,比对话更直接、更简单、更省力,归根结底,破坏与愚蠢同质。到了这一阶段,几乎一切哲学探究都不得不被颠覆。你明白,愚蠢不可能被消灭,**愚蠢本身就是一切破坏的根源**。这就是为什么哲学家们把绝大部分蠢人视为印度神牛,因为哲学家们知道,自己无论如何都无法被理解,于是,他们宗教式地禁止自己继续尝试。这种哲学姿态,常被误认为是贵族式的趾高气扬,到底是不是自命不凡、轻蔑倨傲呢?不要这样认为。因为,如果哲学家们不在蠢人面前保持沉默,战争逻辑将被即刻激活,而且,不是表面看上去那样,不沉默不能叫作尊重，而是不宽容。让蠢人去反刍他们的战争吧！有时，这是能让牛群静静吃草的最后一个方法。

所以，如果你希望尽可能地善良、明智，那么请如教徒一样，让蠢人发言吧。或者更准确地说，你甚至可以放任亲朋好友和爱人随意说蠢话。要是郑重其事地去劝说他们，也就是说，**不用开玩笑的方式**，你会立即走向黑暗面。无论你是不是摆事实、讲道理，或是出于其他正义原因，你只会变成蠢人中的一员，把你的焦虑抛在他人的头上，尤其是在家庭聚餐时。在这个时候，除了团结(或拼命努力团结)家庭成员之外，没有什么比这更重要的了。那就好好欣赏这些神牛畅所欲言，犯不着让自己怒气冲冲。用心倾听他们诉说，一次又一次排解他们的抱怨，在他们身上，你会瞥见湿婆在千臂之舞中微笑着毁灭世界的身影。我的朋友们，因为蠢人就是战争的圣徒。战争**不仅仅**是可耻的行为，让我们恐惧的是，战争像一个黑洞，是一场无厘头狂喜的歇斯底里。

9
缔结和平，让蠢人自己去争斗。

为什么
我们被蠢人统治

只要有机会长时间地观察海豹群晒太阳,你一定会意识到,智慧不是人类独有的特性,愚蠢也不是。广阔的礁石上不缺空间,也不缺麻烦制造者。即使空位足够,海豹仍要争抢已经豹满为患的地方,挑起无谓的争斗,引来吼叫,制造伤害,用各种手段危及其他海豹的生命。要么翻身入水,把水花溅得到处都是;要么推搡更强壮的海豹,又或攻击弱小的幼豹。这是每个社会都会上演的一幕。哪里有互动,哪里就有愚蠢者。

在本章中，我们将承认蠢人在社会等级中的合法地位，他们甚至可能高居于你我之上。但是，这并不能阻止斗争。

忽略他人的愚蠢、接纳他人的抱怨，是一件很难的事。倘若蠢人又是你的上级，更是难上加难。亲爱的读者朋友们，当我看到你们被工作和上级裹挟，执行荒谬的决策，做反效的任务，自己的付出被别人抹杀时，我流下了同情的泪水。且不提愚蠢让我们见识了宇宙的至高力量，当这股力量一把逮住你，阻止一切可能，消磨善意，做不义的事，侵蚀这个世界，还要求你搭把手……那就要另当别论了。

此时涉及的不再是美学、道德或法律，也不再是形而上学的问题。这里我们谈论的是，把公职赋予有史以来最邪恶的歹徒、最无知的傻瓜、最无耻的坏女人，此等荒唐的事，以及不得不涉足其中的恐惧感。你知道，任何稍有常识的人都会承认，这么做太可耻，尤其这造成的是严重的经济、政治和哲学后果。

先不谈个人的恐惧感。首先你承认，那坨牛粪占据高位，就已深深伤害了你，因为这可不是湿婆的宇宙之舞，这事赤裸裸地揭露了你在自己的位置上的无能和混乱。你很自然地感觉到，事情不应该是这样，这类害虫无论如何都不应该爬上高位，他只会拳打脚踢，糟蹋了一切机会。如果你允许，让我们一起重写一次宇宙规则，佐证你的愤怒：如果这世界由有能力的人来管理，会变得更加美好。接下来的几页中，我将向你揭示，事实并非如此。

在学术研究领域，不信口开河是责无旁贷的事。作为一名大学教授，我谈论我的教学和研究。每个人各有自己的一番天地。你可以想象，哲学研究者中有很多平庸之辈，只有极少数人真正推进了研究发展，其余更多是老调重弹，或拼凑他人成果。发表的论文也多是难以卒读的陈词滥调，无法帮助任何人获得进步。如果我们认真对待这一哀叹,实现哀叹里所表达的愿望,会发生什么?那就必须削减学者的数量,仅保留最优秀者。不论淘汰的标准是什么,这世上恐怕只剩下几百名学者了。这一群杰出学者,将以一种完全孤立的方式存在,甚至很快不再有教学走样了的教授,也不再有读文章却不解其意的业余爱好者。接下来会怎样呢?他们之间的交流需求将引发一场危机。他们再也无法从外部得到补充,只能在团队内部重新划分优良差,从某种意义上说,也发明出新的愚蠢形式。如此反复几次操作之后,这一贵族群体将彻底失去对自我的判断。

这种简单模拟——某些国家已经开始——强调了这样一个事实:任何社会参与者(研究员、教授或其他任何人),想要生存下来,就必须获得所在领域乃至整个社会的支持,这样才能使他的工作不仅具有关联性,而且在物质上是可实现的。必须承认,有价值的人天生有一种贵族倾向,他们倾向于偏好同类,认为本类人才是坐在指挥岗位上唯一合法的人。当这种自我偏好变成排斥异己时,这一族群将面临自我毁灭的危险。我还未把蠢人作为他们的上级领导,静待后文细说。

我推理的第一步只为了表明,力求卓越的行为,证明成就(某一领域的能力)往往关乎为某领域或某企业谋求利益的决策权。但我们不能彻底清除坏人和无能者,否则无异于竭泽而渔。至此你同意,蠢人是必不可少的,但仅限于次等位置。你承认,基于功绩的贵族阶层,他们的存在必须依靠群众的参与和认同,在群众努力下,少数人的智慧、效率、能力等才得以实现。在这里,我不讨论精英政治理想如何证明了不平等的合理性,它暗示着特权者至少在理论上配得上这些特权,而无特权的人不配享有特权(对此,过去三千年来,世界各地的智者一直极力否认,但徒劳无功,被统治者拒绝放弃对统治者的臣服,正如你看到的,他们享受着被统治)。我只想强调一点,要知道,没有平庸之辈,何以见优秀之才,甚至都无从**渴望**自己所渴望的东西。

现在我们进入第二步。你同意我的观点,即我们彼此之间存在着一个**欲望共同体**。有能力和无能之间的差别，并不妨碍那些自认为最优秀的人与被他们视为白痴的人在同一条船上。蠢人应该不了解这一共同体，而这也说明，蠢人成为共同利益的阻碍是一种偶然现象，他们只是因当下的处境、出于投机或权宜之计而反对共同利益。无论他们是否愿意，也无论他们是否知晓，蠢人都是欲望系统（我们称之为社会）的一部分，若没有这个系统，我们甚至不知道自己想要什么。

接下来是伟大的思想飞跃。即使你是最愚昧的保皇党[1]，相信船长也能凭借美德的光辉恩典来指挥船队，你也必须承认，在这个世界上，无论是王权统治、驾驭战船还是指挥航空母舰，人类的一切事物只能借助多数人的行动来实现。浪漫主义天才、希腊英雄或美国白手起家者，如果没有能力吸引那些最初不了解他们、人云亦云的大多数人的欲望，那么，卓越将毫无意义。诚然，你若仍坚持认为天才是神秘

---

[1] 原文为"royaliste"，在法语中指支持君主制度或君主立宪制度的人。——编者注

的，甚至可以说乃上天所赐，不用否认这一点，我依然可以确认，如果非凡的天才不想在这个世界上流于默默无闻，就必须与大家的共同欲望相互作用，唯有如此，他们的特殊光辉才能在凡人大众中占有一席之地。因此，最终你还得承认，欲望共同体发挥的作用与才华不相上下。尽管没人能完美体现这一点，但正是共同的欲望，决定了我们所有人通过各自的谈判来获得相应的社会地位。当然，还冒着受骗上当的风险。

在这种情况下，权力、职位必然由野心勃勃的人获得，渴望权力的人恰恰是那群善于利用制度、敢于奉承迎合、卑躬屈节的人，能毫不费力地体现（尽管不乏偏颇）"大多数人"的模糊愿望。不过，不像愤世嫉俗者所说的那样，这不意味着愚蠢的人占大多数。更多是因为人性各式各样，没有一类折中的、取平均值的典型人群，总之，找不到能够恰如其分体现问题统一性的一类人。

于是，蠢人从中胜出。他们更容易混迹于芸芸大众之中，他们个人的平庸最终为这一类人套上了一副面孔。严格来说，这就是为什么社会的原生状态不是平庸之辈的统治(称之为平庸，这一术语就预设了一个**理论**上高一等的观察者视角)，而是精英的统治。也就是说，由于无法找到一类均值人群，芸芸大众归于平庸，如此一来，权力更有可能——虽然并非必然——落到蠢人中的任何一人身上。

现在，你该明白，遇到一个愚蠢的领导、老板娘或总统，既不是我们运气不佳，也不是环境不公正，甚至也不是反常现象，只是由于最大概率法则所致。认识到这一点，应该有助于你维持一种最高难度的平衡：一方面，你与愚蠢做斗争，阻止愚蠢的人造成破坏，努力打造一个更加美好的世界，而这始终只能在你力所能及的范围之内；另一方面，凭借对世界的理解，你淡然以对，不至于将蠢人的决策视为宇宙失衡。换句话说，改变世界，不是因为这个世界让你奋起反抗，而是因为你爱这个世界——包括它本真的模样，同时也不妨碍你心有偏好。

要做到这一点，请记住两件事：首先，无论你是否喜欢，这个世界上的每个人都各司其职，正是**因为如此**(不是"尽管如此")，愚蠢的人指导我们、统治我们，更笼统地说，领导我们。其次，如果**你**感到自己怀才不遇，这**有可能**是不公平的，但**毫无疑问**，这是你要面对的挑战。

10
总是加持你的偏好，永远别让挫折乱了心。

为什么
蠢人越来越多

"又来了!……可我……你……? 我们说好的,你必须提前和我说……"

"是的,我知道,我想说来着。"

"那怎么没说?"

"当时没带手机。好吧,那我现在告诉你了。"

"现在?!你们有多少人?"

"呃,我不知道。大概三十人吧。"

"啊……好吧,我把屋子留给你。"

"你可以留下来一起呀。"

"谢谢,不用了,我正在写东西……"

"你的新书?"

"是。嗯,不,我早该换个课题了。告诉我,你们打算……"

"哦,对。"

"……待到几点?"

"还不知道。我要先去睡一会儿。一会儿其他人就来了。嘿!嘿!伏特加放这里!音响放那里!喂,你已经脱到只剩底裤了?"

本章中，我们将探索如何克服蠢人数量的疯狂增长，并认识作者的祖母伊薇特·吉贝尔托(Yvette Gibertaud)女士。

我逃到卧室的角落里。不幸的朋友们，我召唤你们和我一起面对人类生活中最大的谜团之一：蠢人怎么会越来越多？他们从哪里来？为什么、为什么如此之多？

仔细想一想，这个观察似乎是一种视觉错觉。毕竟，今天的蠢人怎会比昨天多呢？请记住，蠢人是发生在人际关系核心的事故，不是满世界游荡的一类人，这就是我们所说的愚蠢的互动本质。毋庸置疑，我们的人际互动日益增长。总体而言，我们的祖先生活在流动性较低的社会，大多数人一生中很少遇到新面孔。我们的父母也极少长途旅行，见到的人不如我们多，生活轨迹整体更加单线化，大概率接触不到如此多不同领域的人。况且，互联网、智能手机让我们与人类同胞接触的可能性呈爆炸式增长，无论远近，无论书面还是多媒体，无论面对面还是线上……互动越多，自然难免误解越多，蠢事越多，换句话说，越多的社交翻船。于是，不再是一生中只遭遇几十个大白痴（用我祖母的话说，从雅纳克镇到富克雷镇，这一片的大部分白痴，她都见识过了），现在的你，将与成百上千个蠢人打交道。因此，我得出第一个结论：随着互动的增加，蠢人自然成倍增加。论证完毕。

这些交往中，即使只是一次短暂的灾难性互动，也足以让双方在继续各自生活道路时确信自己又和蠢人过了一招。你可能会说，那些把**你**当作笨蛋的人是错的，但是互联网和社交网络彻底地重置了评估方式，尤其缩小了权威人士和普通人之间的差距，反之，也缩小了公认的蠢人和个人眼中的笨蛋之间的差距。当最迟钝的蠢人也能散布自己的观点并让同类来验证时,从此,愚蠢制造的喧嚣及其在公众中的反响,以前所未有的方式加剧了互动的灾难性。我得出第二个结论:由于愚蠢传播得更快、更广,蠢人成倍增加。论证完毕。

不过,可以看到,随着这种现象的蔓延,愚蠢对我们生活的影响相对减弱。没错,虽然祖母几乎很难摆脱身边那些大奇葩的骚扰,但今天,你和我遇到的大多数人,或多或少都是陌生人,更不用说网上的那些影子人了。所以,尽管蠢人越来越多,但他们在我们生活中匆匆而过的速度也更快,这样说不荒谬。

遗憾的是,这样的优势打了折扣,因为我们自己的耐心和宽容度也在相应减少。在富克雷小镇,祖母只能在小镇和周边现有居民的圈子里选择偏爱之人。随着时间的推移,她学会察言观色,不论内心有怎样的期待,她都能调整和改善相处之道,包括与她婆婆的关系(不过别想得太美好,总有些人冥顽不灵)。而现在,当你面对理论上无限数量的对话者时,你身边没有任何促使你调整道德标准的事物，你分不清是务实主义，还是德行欠佳，你说你没有这个闲工夫。(准确说是因为你能无条件识别的指令全都是工作指令，而不是哲学指令，这真的很不幸。)结果，一些本来可以将就、会随时间流逝而改变的个人缺陷或瑕疵，被你视为不可救药的顽疾。你已经变成一台真正的高精度仪器，眨眼工夫就能识别出蠢人，在辨别蠢人和常人时绝不心软，不让任何人对你的生活造成困扰。我得出第三个结论：你比以往任何时候都更加敏感，蠢人也因此变多了。论证完毕。

刚才的这个观察，强调了一系列复杂的偏好，无论男女，每个人都被引导基于这些偏好获得身份认同。用一句话来概括近两百年的社会学研究，我们可以说，一个人是在规则的基础上成为自己的，掌握规则，才得以被认同为相应群体的成员；同时还要满足每个人主张自己差异的需求，而这种需求在不同群体内又有不同的体现(意味着自愿或不自愿地与群体规则进行互动)。

就群体角度而言，今天的我们身处一场超大规模的规则融合：不同的说话方式(甚至不同的语言)、着装、笑声、走姿、坐姿、对事件的解读、情绪感知和表达方式，以及表现时间、空间、我、你、我们的不同方式。总之，在那些人们比以往更加杂居的地方，尤其是大都市，我们称为人类敏感性的多元形态在相互交融。当代国际化进程使社会规则瓦解成微型社区，蠢人则在每一个社区里形成了一个子群体。众所周知，他们排斥不遵循其规则的人，由此来相互认同。在这一点上，愚蠢完美地分布在统治者和被统治者、右派和左派、富人和穷人之中；无论是否出于正义，是否拥有受益或不受益的特权，也无论是有识之士还是无知庸人，无神论者还是宗教人士，男人还是女人，皆因为在这里愚蠢不属于哪一个群体，而拥有一种在生活方式上排斥异己的归属感。于是，曾经所谓的文明、种族、社群或文化上的差异逐渐消失，摇身变为一种微弱的社会同质性。我再一次得出结论(第四个)：由于规则分崩离析，蠢人成倍增加。论证完毕。

有鉴于此，如前文所说，人类社群之间的差异越来越不显著，这在一定程度上缓和了规则瓦解的演变，其中最敏感的规则(语言、着装方式等)正在全球范围内趋于统一。我们甚至可以预见，随着差异的减弱，排斥异己的现象也会减少。不过，又如之前所说(参见我的第二个结论)，统一化反过来影响了另一个现象：应激反应(或者说，面对敏感差异时缺乏耐受性)也相应加剧。

基于这些，让我们思考一下。如今，大数据算法更加高效，应用越来越广泛，社会的商品和服务趋于个性化，无论张三还是李四，都能更加贴心地满足其需求……更加注重自我主张和精准度，使得排斥和包容的规则越来越趋同。你明白我的意思吗？规则日益个性化，表现为越来越细分的细节，很快你将成为(至少理论上变成)遵守只属于自己的规则的唯一一人(至少在你自己的电脑屏幕上)。如此一来，蠢人成倍增加，以至于你觉得自己是**地球上最后一个人**

类——或许还有仅剩的零星几个朋友——身边是一片蠢人的浩瀚汪洋。

在这种情况下,强调宽容的好处,确保我们**必须接受彼此的差异才能手牵手一起跳圆圈舞**,这么做徒劳无功。鼓吹合作的道德主义是荒谬的,因为差异正是依附于自我的偏好,有所喜自然也就有所恶。谴责厌恶异己,就如同哀叹妥协一样,都毫无意义,因为很显然,**蠢人永远不会**同意加入你们的兄弟之舞。

该如何摆脱这个困境呢?让我们换一个角度看问题:即使我们承认社会历史曾经历过更大程度的同质化时期,但是,你真的确信,单一的拼写法、单一的语法或词汇,抹上更苍白的粉底,戴上撒更多粉的假发套,这么做体现了更高的智慧吗?是一种什么样的荒谬的崇古幻想,让你觉得减少人际关系就能复归宁静,一种连我祖母(她从不烦人)都未曾体验过的宁静?而且,你真的确信(在这里,我以历史学者的身份发问),这种规则的单一性,不是因为我们对历史资料的选择偏差而造成的回顾幻觉吗?你会说我的例子过于肤浅,最不愚蠢的人都懂得外表并不重要。例如他们知道,不管女人是披上罩袍还是穿上迷你裙,重要的是每个女人都享有自由。可事实是,愚蠢的男人和女人并不清楚这一点,而且我抨击的是,他们将孕育自由的方式视同在两种无足轻重的肤浅选项之间做选择。

是的,确实如此!如果你想在成为头号蠢人之前阻挡不可抗拒的**蠢人剧增**,你必须承认,行为准则(以及自由本身的形式)向**道德价值观**的转变,正促使我们将厌恶变成排斥异己,结果是,我们抬眼就看到蠢人。你将神圣的价值观概念注入日常的愚蠢细节中,对于借智者圣人之言要求你停止随时随地评判同胞的忠告,你嗤之以鼻。

我看到你犹豫了……我们不应该捍卫自己的价值观吗?我的回答:如果你真的重视你的价值观,就不要摇旗**捍卫它们**!高举你的价值观并强制推行,并不能成功地传播理念,也无法击退愚蠢。

因为，我已经说过，让你区别于**蠢人**的，不是你所持的价值观，而是你与他人相处的方式，以及这种关系的质量。你的价值观表达了你对某类关系的依恋，这一点我当然深有同感。而一旦你无条件地宣扬自己的价值观，那注定适得其反。例如，**自由**从来都不是无条件的，自由指的是在现有条件下，也就是说，在明确的、特定的条件下，开拓自己的道路的能力。

仔细想一想，持有价值观，**不是**区别这群人和那群人的标准(谢天谢地！)。认为**价值观**定义了我们，这种想法本身就是愚蠢的。这样想的话，**从概念上说，**致力于克服分歧，而非为分歧辩护的价值观全都因人而异。举例来说,你不能声称自由是**你**的理想,同时又剥夺他人自我认同的权利。只要理解自由的方式与你不同,马上会被你视为敌人,我无法想象还有什么比这更危险的事情了。

所以承认吧,与其捍卫价值观,不如拓展关系,也就是说,努力减少误解。还记得吗?误解导致的蠢人最多。无论是回归启蒙运动的普世殖民主义,还是数字时代的个性化相对主义,都无法阻挡蠢人的繁殖进程。只有卸下防御的盔甲,放手让你理想中的价值观去与活生生的人际互动相磨合,躬身谈判来改善全方位的关系网,才能削弱各个社群的所有蠢人。换句话说,做一名修补匠,而不是法官。

11
打理好人际互动,你的价值观自会绽放。

为什么
总是蠢人赢

人类，想不惜一切代价，包揽所有的事物规定性。愚蠢是其中一种规定性的例证。可即便如此，他们仍是走错了路。

任何人都能体会到，鞋子里的那粒小石子，不是故意作恶，却照样惹人恼火。

本章中，我们将基于对蠢人的世界、你的世界和你们各自性格的一些理解，找到与蠢人打交道的终极方法。

上一章可能给你留下这样的印象，即愚蠢仅仅是一种表现，似乎只是你产生的一种纯粹而简单的幻觉。你一定希望能逐步达成一个结论，在某种纯粹哲学的狂喜中，一起击败愚蠢，宇宙重归岁月静好。请允许我这样看问题：我确实认同有一种蠢人越来越多的印象，不管是否符合真正的历史事实，这种印象永远不会终止，即使实际上蠢人数量应该在减少。为什么呢？归根结底，纵观历史长河，蠢人的增长远低于我们每个人感受到的。只是我们在凡俗生活中失去了对人类现象统一性的幻想，失去了有可能与所有人分享自己规则的幻想。当你身上的那个蠢人开始变弱时，身边又冒出成千上万的蠢人，仿佛从地里长出来一般。按照这个思路，我们可以断言，自己不再愚蠢时，蠢人却在成倍繁殖。

失去幻想并不妨碍大脑立即找到其他赖以依恋的事物。事实上，随着生活阅历越来越丰富，社会变迁、城市更新、技术革新逐渐摧毁你的记忆框架，看到童年生活的地方今非昔比，听到(当然是道听途说)当今年轻人如何勾搭厮混，怀旧之情顿时扼住你的喉咙。是的，亲爱的读者，我懂你的感受！一个人因对未来的陌生感所生发的怀旧情绪，一旦遭到否认，或被压抑，整个社会将陷入危险，因为这样的怀旧揭示了一个基本原则，体现了蠢人的核心力量，那就是惰性。

惰性从何而来？你猜测，来自**顽固的**思想、**狭隘**的人，诸如此类吗？要理解惰性，必须从其反面即适应性入手。适应是一个相对较长的学习过程的结果，最佳时期是童年，各类信息烙印于存在的最无意识的层面上。适应性基于包罗万象的体验，涵盖了生活的空间、习惯的感知类型（听觉、触觉等）、与他人的互动（语言交流等），总之，被大家称为"世界"的一切。不由自主地重复特定行为、关联特定想法、坚持特定的说话方式，这直接取决于这些行为或表现所参照的"世界"。事实上，人们基于适应的必要性，采用或调整了几乎所有定义自我的事物，我将其称为"性格"，即遇到事时以特定的方式采取特定的应对做法（既不完全可预测，也不完全随机）。这一概念融合了极为复杂、混乱的元素，没有人懂得如何区分掺杂其中的社会决定论、遗传易感性、象征矩阵，又或是随时间推移而积累的有意识和无意识的经验。

尽管如此，但无论性格来源于什么，经验的世界都是极其有限的。一个人只有在拥有了新经验、不得不改变参照世界时,才会改变自己的想法、做法或行为举止。只有他的"世界"更新了,才能使他调整自己的性格。仅靠法令教谕,根本无法让人主动改变。(这是显而易见的事实,尽管有荒谬的唯意志论流传,但我相信,所有人都会承认这一点,哪怕只是为了宽恕自己的错误。)总之,在你的"世界"中,只要一个严谨的推理得到接纳,成为关联元素,那么我的推论就足够说服你。不然的话,也许一幅图像会更管用,又或者一段视频、一张动图,或任何一个你认为与构建世界关系相关联的元素。

不过,改变一个人的参照世界并不容易,反馈循环因人而异,每个人的性格总是倾向于捍卫最初适应的世界。于是,一个将我们、将世界和"我"联系在一起的圆圈形成了,我们借助改变参照世界来改变性格,同时,性格的惰性力也反过来保护参照世界免受任何修改。用**他们**的话说,攻击我的世界,就是攻击我。

因此，要改变蠢人的表现，必须考虑这样一个事实：首先，**蠢人**的愚蠢行为是一种适应性结果，他的惰性或者盲目性，归根结底是对事物具体规定性的不同程度的适应，尽管这些规定性可能是过时、错误或片面的。因此，你必须拿捏得极为有分寸，才能让**蠢人**有所改变(他的想法、行为举止等)，小心翼翼地探寻他的参照世界的突破口，又不颠覆他的性格。这是需要**根据判断**来评估的事，没有什么秘诀，无非是在与**蠢人**的惰性做斗争时，总体上本着启发的原则，让他们看到世界**已经发生**变化。用恰当的方式向他们表明必须整合这些变化，不能光靠说，如借助动画片或一段**广告歌**也未尝不可。

当你觉得准备就绪可以言传身教时，请记住，从定义上说，一个"世界"的元素整合运动是相互作用的。这意味着，与你交谈的那个恶棍或巫婆，他如何整合你所说的话，完全正比地取决于你考量他们世界的能力，并且，你要接受，**蠢人的世界实际上**也是现实的一部分（不仅是蠢人存在这个事实）。只有你，**首先就是你自己**，懂得公正地对待世界的现实时，才能确认自己的世界并不完全愚蠢，而愚蠢之人是你的世界的见证者，他们恰好暴露了你自己世界的突破口。

所以，战胜一个人的愚蠢，意味着双方世界必须都有突破口，通过相互磨合来调整两个世界。请放心，改变世界不是你一个人的责任，你可以将自己置于更高远的境界，让历史的滚滚车轮自然而然地改变这个世界。只是无论"进步主义者"怎么想，没有人知道历史的走向；无论"保守派"怎么想，历史既不会孤立发展，也不会倒退。我们别无选择。我们只能躬身于已经启动的变化之中，努力**引导**历史的演变，朝着我们必须不断更新的偏好发展。

此时，我们来到十字路口，赌上我们的未来（或是我们所想象的未来），要么赢，要么输。不幸的是，只要遭遇到蠢人，我们几乎总是输，鲜有例外。为什么呢？根本不是因为他们人多势众——这么说是荒谬的，作为人际互动的载体，**蠢人的数量无法统计**！相反，我们可以说，大多数人几乎总会犯傻，因为他们必然倾向于遵循最省力原则。没错，就是这样。无非是懒惰、粗心、无能、墨守成规。所有这些词，最终都能归于同一点，即自古以来的惰性原则。从这个意义上说，归功于造物主的自然倾向，愚蠢的人几乎总是获胜。与此同时，你和我，我们仍在抗争，想要迫使大众后退几步看清大局，企图让这个社会有一些耗时费力但有建设性的小概率反抗。然而，自然选择终究会占上风，因为根植于本能，更加不可逾越，我们想找寻的是所有世界的交汇点，一个根本找不到的交汇点。

12
探索突破口。

结语

从一开始我们就知道，每一个愚蠢，都会连带引发另一个愚蠢。想消灭蠢人或把对手视为蠢人的人，反而极大地助长了周遭的愚蠢。这就是为什么只有在镜子里，我们才看到自己和蠢人是相似的。这也是为什么读完这本书会让你最终感到自己比以前**更加愚蠢**，因为现在的你**知道**，捍卫智慧不意味着认为自己精明能干或经验丰富，而是肯定自己内心有着纯粹的学习欲望，也就是说，把自己视为一个**犯了理论错误的人**。

是的，蠢人让我们明白，在愚蠢面前，无人敢称专家，面对怪诞混乱的现象，你只能不断地填坑补漏，见招拆招。而且，恕我直言，如果你一头扎进这本书里，你就一直是一个**犯了理论错误的人**。只有当你遇到一个你能识别为完全真实的**蠢人**时，你才能展现出你的价值，你的"理性"也不再只是纸上谈兵。

用最简洁的方式来表述，我们看到，**蠢人**

如何令我们处于某种情绪状态，这种状态标志着所有信任的终结，沟通互动之船翻了，双方互相伤害，破坏了一切沟通能力。随着人际关系分崩离析，我们越来越渴望借助权威来恢复联系。我们说各种行话、诉诸道德、参照法律、做出各种反应行为，笨拙地彰显权威，所有这些行为，都在表达唯一一种功能，即修复被阻断的关系的力量，并赋予另一种形式，一种挑衅的、暴力的、支配性的甚至破坏性的姿势。为了不沦陷于与蠢人的战争中——那将会是无人幸存的混战，我们只能在三种策略之间摇摆：与有能力改变的人谈判，改变愿意被改变的人，对拒绝的人则可听之任之。

总之，我们的研究揭示了一个**超越愚蠢**而存在且持续存在的人性维度：一种相互依存的纽带，既柔弱又坚不可摧，使我们无论好坏都无法分离。无形的绳索将我们紧紧地绑在一起，思想的交集连接我们的大脑，愤怒和喜悦激发的战栗从一人的体表传递到另一人。这些都在提醒我们，个体是在互动中诞生的，甚至早于人们基于偏好和各种活动在人际互动中结成群体和组织。

没错！无论那些嚼舌妇和酒吧常客怎么想，团结从未消逝，也不需要我们去修复。无论我们愿意与否，知道与否，团结——最令人发窘的事——是不会遗失的。团结，较少是指展现慷慨的选择，更多是指一种相互影响的运作方式，这种相互作用可以无差别地构成或解构无限的变化，随机生成有关混乱本身的各种规则。

从这个意义上说，愚蠢的首要根源，无疑是我们所有人都渴望特立独行，这种渴望与互补的愿望(即归属感)相对立，所以，我们只寻求听到自己主张的事，只想期待自己梦想的事，只为自己梦想的或已具备行动条件的事做准备。没有什么比特立独行的欲望更顽固、更盲目、更蒙昧的了。正是出于最省力原则的合理倾向，每个人一而再再而三地跌倒，陷入最愚蠢的状态时，不得不从欲望的土壤上汲取力量，才能从跌倒中爬起来。想要独揽一切的狂热，沉浸快乐里或者沉迷忧郁中的荒谬的骄傲，知识的盲从，无异于无知的懵懂，不论手握幸福还是身陷不幸都怀着对他人的蔑视，交谈中或沉默时的充耳不闻；每天早晨，要么抛开这一切，要么被这一切所牵绊，而或早或晚，所有人总归会再倒头睡去。这就是为什么**装傻**是一件开心的事，在特立独行和随波逐流之间的永恒拉锯中，在追求独立和寻求归属感的努力之间，装傻是一种让自己喘息的方式。

投身撰写这本有关人际互动伦理的书时（一首即兴的田园牧歌），我似乎已经意识到，强制推行规则（加剧关系恶化），或是相对躺平（以相反方式加剧关系恶化），在这两者之间保持平衡，对每个人来说都是挑战。这就是为什么对**蠢人**的蔑视在两个极端中都存在，但仅有蔑视是不够的。仔细想想，所有关系的病态表现——蠢人就是这种病态关系的症状——教会我们，要关注其揭示的相互依赖的类型。所以，恰恰相反，我没有结束对互动伦理的探索。从互动伦理学中，我看到了描述其他当代问题的启发性方法。

面对形形色色的蠢人，如果你不想强压怒火，拒绝任由愤怒迷失自我，那么，你或许应该支棱起来，给你的对手留一条出路——没错，留条出路，这样他们不再刺激你的神经，让你能在这场力量博弈中找到一个或多或少保有尊严的出口。当然，我也提醒过你，他们不会让你如愿。当你试图表现自己是和平力量时，他们则一直在宣称自己是战争力量。每天，你的道路永远绕不开那些拉扯和挑战，你将迎接痛苦，接受在公开冲突中遭受蠢人和其他人的否定，你不同情蠢人的痛苦，任由他们对你大发雷霆。无论如何，蠢人教给你的，永远比你教给他们的多，因为你才是那个想学习的人。我还想提醒你们，在此期间，无论岁月静好，还是战火硝烟，宇宙的平衡都将保持完美、不受影响。

这种不受干扰的终极状态，哲学家们曾经想从中找到一种安之若素或至上智慧的形式。但正如我在开篇时指出的那样，要练就一眼就能化解一切愚蠢的智慧，要么成神，要么成鬼，甚至连对成神成鬼都漠不在乎。我想说，在这个世界上，月光普照之下，没有一场冲突可以不留痕迹地销声匿迹，没有一个人不曾感到挫败、受辱或委屈，愚蠢永远不会停止，被打败后依然会卷土重来，犹如矫健地从胜利中崛起一般。所以，**蠢人们**总会嘲笑你**所谓的**美德，他们的痛苦永远与你**所谓的**为和平而努力针锋相对。这就是为什么和平无法假装不做选择，和平其实别无选择，只能承载战争的能量，并承认冲突必不可少，这就是一场**游戏**。是的。这就是我们的历史——个人和集体——的真实面，这就是历史的伦理，无非是一场巨型游戏，既是悲剧也是喜剧，既有分离也有重逢。在游戏中，当你没有让焦虑成为**赌注**，而是懂得通过游戏来缓解焦虑，那么，在你告别人世之际，你可以获得一席之位，落座与哲学家和诸神一起嬉笑怒骂。

致谢

我要感谢里约热内卢天主教大学哲学系主任路易斯·卡米略·奥索里奥 (Luiz Camillo Osorio)、布宜诺斯艾利斯大学教授希梅纳·索莱 (Jimena Solé) 和蒙特利尔大学的海伦娜·乌费尔 (Helena Urfer)，没有他们坦诚相助，提供条件，这一互动伦理学的研究必定无从开展。

感谢安内洛雷·帕罗 (Annelore Parot)、奥雷利安·罗贝尔 (Aurélien Robert)、黛安娜·朗松 (Diane Lançon)、马克西姆·卡特鲁 (Maxime Catroux)、保利娜·哈特曼 (Pauline Hartmann) 和罗南·德·卡朗 (Ronan de Calan)，与我分享内心痛苦与心灵之光。当然，还要感谢卡米拉 (Camila)，她"满怀爱心和勇气，探索我的世界中的纰漏"。

参考书目

此处列出的这些书，在撰写这本书期间，我没有重新查阅，因为我认为备注引文作用不大。了解这些书的人，会认出书中引导思考的段落。不了解这些书的人，不妨一读，或将受益匪浅。

HABERMAS, Jürgen, *L'Éthique de la discussion*, Paris, Flammarion, 1992 [1983], 202 p.

HONNETH, Axel, *La Lutte pour la reconnaissance*, Paris, Cerf, 2002 [1992], 232 p.

KANT, Emmanuel, *Fondements de la méta- physique des mœurs*, Paris, Delagrave, 1973 [1785], 252 p.

LA BOÉTIE, Étienne de, *Discours de la servitude volontaire, ou Contr'Un*, Paris, Gallimard, 1993 [1576], 308 p.

NIETZSCHE, Friedrich, *La Généalogie de la morale*, Paris, Gallimard, 1985 [1887], 212 p.

SACHER-MASOCH, Leopold von, *La Vénus à la fourrure*, Paris, Payot& Rivages, 2009 [1870], 217 p.

SADE, Donatien A. F., marquis de, *La Philosophie dans le boudoir*, Paris, Gallimard, 1976 [1785], 312 p.

SLOTERDIJK, Peter, *Règles pour le parc humain*, Paris, Mille et Une Nuits, 1999, 64 p.

STIRNER, Max, *L'Unique et sa propriété*, Paris, La Petite Vermillon, 2000 [1844], 416 p.

图书在版编目（CIP）数据

如何对付蠢人 /（法）马克西姆·罗维尔
(Maxime Rovere) 著；蔡宏宁译. -- 北京：中央编译
出版社，2025.7（2025.8重印）.-- ISBN 978-7-5117-4916-1

Ⅰ．B821-49

中国国家版本馆CIP数据核字第2025JS0615号

Que faire des cons? by Maxime Rovere
© Flammarion, 2019.Current Chinese translation rights arranged through Divas
International, Paris
巴黎迪法国际版权代理(www.divas-books.com)

版权登记号：图字：01-2025-1224

如何对付蠢人
RUHE DUIFU CHUNREN

总 策 划	李　娟
责任编辑	李小燕
执行策划	王思杰
装帧设计	潘振宇
责任印制	李　颖
出版发行	中央编译出版社
地　　址	北京市海淀区北四环西路69号（100080）
电　　话	（010）55627391（总编室）　（010）55627301（编辑室）
	（010）55627320（发行部）　（010）55627377（新技术部）
经　　销	全国新华书店
印　　刷	北京盛通印刷股份有限公司
开　　本	787毫米×1092毫米　1/32
字　　数	64千字
印　　张	5.25
版　　次	2025年7月第1版
印　　次	2025年8月第3次印刷
定　　价	42.00元
新浪微博	@中央编译出版社　　**微　信**：中央编译出版社（ID：cctphome）
淘宝店铺	中央编译出版社直销店(http://shop108367160.taobao.com)（010）55627331

本社常年法律顾问：北京市吴栾赵阎律师事务所律师　闫军　梁勤
凡有印装质量问题，本社负责调换，电话：（010）55626985

人啊,认识你自己!